Statistik und Intuition

Über den Autor

Katharina Schüller ist Diplom-Statistikerin, Statistik-Expertin bei DRadio Wissen, Lehrbeauftragte an verschiedenen Hochschulen und ausgezeichnet als „Statistikerin der Woche" durch die American Statistical Association. In zahlreichen Vorträgen und Publikationen klärt sie auf über den richtigen (und falschen) Gebrauch von Statistik.

Katharina Schüller

Statistik und Intuition

Alltagsbeispiele kritisch hinterfragt

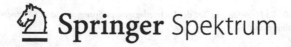

Katharina Schüller
STAT-UP
München
Deutschland

ISBN 978-3-662-47847-9   ISBN 978-3-662-47848-6 (eBook)
DOI 10.1007/978-3-662-47848-6

Die Deutsche Nationalbibliothek verzeichnet diese Publikation in der Deutschen Nationalbibliografie; detaillierte bibliografische Daten sind im Internet über http://dnb.d-nb.de abrufbar.

Springer Spektrum
© Springer-Verlag Berlin Heidelberg 2015

Planung: Iris Ruhmann

Gedruckt auf säurefreiem und chlorfrei gebleichtem Papier

Springer Berlin Heidelberg ist Teil der Fachverlagsgruppe Springer Science+Business Media (www.springer.com)

Geleitwort

Dieses Buch sollte man allen Nutzern und Nutzerinnen sowie Studierenden der Statistik, nicht zuletzt Journalisten, als Pflichtlektüre auf den Nachttisch legen. Man kann es nämlich sehr gut auch häppchenweise lesen, außerdem ist es unterhaltsam und an zahlreichen flott geschriebenen Fallbeispielen aufgehängt, sodass die Einführung in die Denk- und Vorgehensweise der Statistik quasi schmerzlos nebenbei geschieht.

Diese Denk- und Vorgehensweise der Statistik ist den meisten Menschen heutzutage immer noch genauso fremd wie unseren Vorfahren vor einer Million Jahren in den Savannen Afrikas. Wenn wir dem großen Psychologen, Statistiker und Wirtschafts-Nobelpreisträger Daniel Kahneman glauben dürfen, ist ein großer Teil unseres Denkapparates, der von den Affen ererbte Teil, ein miserabler Statistiker. Wir schließen hemmungslos von Einzelfällen auf das Kollektiv, vernachlässigen dabei Variabilität und Stichprobenfehler, wir verwechseln systematisch Korrelation und Kausalität, konstruieren gerne künstliche Muster in zufälliges Chaos hinein, und wir addieren, wo wir eigentlich multiplizieren müssten. Gegen diese Gendefekte anzuschreiben, ist nicht leicht und wurde bereits oft versucht, unter anderem auch von mir selbst. Umso größer ist meine Freude, mit Katharina Schüller eine derart kompetente Mitstreiterin gefunden zu haben. Man kann ihrem Buch nur eine maximale Verbreitung wünschen.

Walter Krämer

Dank

Mein ganz besonderer Dank geht an meine Kollegen Stefan Fritsch, Adrian Hambeck, David Hillmann, Carina Hindinger, Daniel Schalk und Claudia Stuckart, die große Teile der Recherchen und insbesondere der grafischen Darstellungen übernommen haben.

Ausdrücklich gilt mein Dank darüber hinaus Walter Krämer für unzählige beflügelnde Anregungen und stets bedingungslose Unterstützung, Alain Thierstein für die Idee der Gliederung dieses Buches und für wertvolle Hinweise zur Visualisierung, außerdem Frank Schneider sowie Bernhard, Valentina, Viviana und Maximilian Schüller für grenzenlose Geduld und ebenso grenzenlos kritische Rückmeldung, wie sie nur liebende Familienmitglieder geben können.

Inhalt

Abbildungsnachweis

Bei sämtlichen Abbildungen mit Ausnahme von Abbildung 6 handelt es sich um eigene Darstellungen, mit Ausnahme von Abbildung 7 auch auf Basis eigener Berechnungen. Im Folgenden sind die Quellen für das verwendete Zahlenmaterial genannt. Nicht verzeichnete Abbildungen beruhen auf simulierten Daten bzw. eigenen Erhebungen.

Abb. 1   Transparency International: Corruption Perceptions Index 2014. www.transparency.org, 2015.

Abb. 2   UNAIDS: AIDSinfo Online Database. www.unaids.org, o.J.

Abb. 3   Oxfam International: Oxfam Issue Briefing: Wealth: Having It All And Wanting More. London, Oxfam House, 2015.

Abb. 5   Böcking, D.: Soziale Ungleichheit: Deutschland wird amerikanischer. Spiegel Online, 05.12.2011.

Abb. 6   Wikipedia: https://commons.wikimedia.org/wiki/File:Metal_bands_per_country.png (eigene Einfärbung und Legende), lizensiert unter der CC BY-SA 3.0 gemäß https://creativecommons.org/licenses/by-sa/3.0/deed.en

Tabellennachweis

Im Folgenden sind die Quellen für das in den Tabellen verwendete (Zahlen-)Material genannt, soweit externe Quellen verwendet wurden. Tabelle 6 beruht auf eigenen Erhebungen.

Tab. 1   Nach Haller, M.: Recherchieren. Ein Handbuch für Journalisten. Ölschläger, München, 3. Auflage, 1989, S. 36, eigene Kürzungen und Ergänzungen.

Tab. 2   Statistisches Landesamt Bremen: Statistisches Jahrbuch 2011. Bremen, 2012, eigene Berechnungen.

Tab. 3   Enste, D. H. et al.: Mythen über die Mittelschicht. Wie schlecht steht es wirklich um die gesellschaftliche Mitte? Roman-Herzog-Institut, München, 2011, eigene Berechnungen.

Tab. 4   IPCC: Climate Change: Mitigation of Climate Change. Contribution of Working Group III to the Fifth Assessment Report of the Intergovernmental Panel on Climate Change, Cambridge University Press, Cambridge, 2014 und World Bank: Gross domestic product 1960–2012. World Development Indicators Database, 17.04.2015, eigene Berechnungen.

1

Statistik: selbstverständlich?

1.1 Einleitung

Statistik spekuliert nicht. Statistik beruht auf harten Fakten. „Es ist ein Buch über Demografie, das ist in Ordnung, das sind einfach Zahlen", sagte Frank Schirrmacher über Thilo Sarrazins Buch „Deutschland schafft sich ab".

Ich bin Statistikerin. Mein Arbeitsalltag besteht darin, Zahlen und Fakten zusammenzutragen und zu analysieren, um daraus Informationen zu gewinnen. Informationen, die mir und anderen helfen zu begreifen, wie unsere Welt funktioniert – unsere Gesellschaft, unsere Umwelt, unsere Wirtschaft und natürlich wir Menschen selbst. Statistiker betreiben, vereinfacht gesagt, Recherche – nur eben mit ganz bestimmten, formalisierten Mitteln. Recherche ist, so definiert es der Journalist Hans Leyendecker, „ein professionelles Verfahren, mit dem Aussagen über Vorgänge beschafft, geprüft und beurteilt werden". Recherche hat zunächst einmal etwas mit Handwerk zu tun. Statistisches Handwerkszeug wird angesichts der Verfügbarkeit großer Datenmengen auch für Journalisten immer wichtiger. Denn Datenjournalismus heißt, Daten ihre Geschichte erzählen zu lassen, Erklärungen zu finden und Entwicklungen vorherzusagen.

Daten, das heißt heute oft: Big Data. Gemeint sind Datenmengen, die zu groß, zu komplex und oft zu heterogen sind, um sie noch von Hand zu verarbeiten. Das bedeutet zugleich, dass die klassischen Analysewerkzeuge, die viele von uns in der Ausbildung oder im Studium erlernt haben, für Big Data nicht mehr funktionieren. Mit dem Taschenrechner und Excel-Tabellenblättern können wir die Informationen nicht mehr analysieren, die in Tweets stecken oder in den Datenströmen, die Smartphones ununterbrochen in die Cloud schicken. Dort, in den hoch frequenten, feinräumigen, vielfach verknüpften Datenströmen liegt aber das Wissen verborgen, das Politik und Wirtschaft heute benötigen: Wo genau bei der Hochwasserkatastrophe 2013 in Dresden der nächste Damm zu brechen drohte, posteten Tausende freiwilliger Helfer auf Twitter und Facebook. Wie sich Menschen in einer Einkaufspassage bewegen und welche Werbung sie dabei womöglich zu Gesicht bekommen, verraten ihre Smartphones.

Big Data betrifft aber nicht nur Unternehmen und Politiker, sondern auch Journalisten. Weil Big Data neue Erwartungen an die Berichterstattung schafft, können Journalisten etwas von Statistikern lernen. Die Medien leisten einen wesentlichen Beitrag dazu, welches Bild wir alle uns von der Welt und den alltäglichen Ereignissen machen, wie wir diese Ereignisse in einen Kontext bringen und welche Muster wir zu erkennen glauben. Und weil dieses Bild immer stärker durch Zahlen und Statistiken geformt und untermauert wird, braucht jeder, der Zeitungen liest, Nachrichten im Fernsehen ansieht oder im Radio hört und auf der Suche nach Neuigkeiten im Internet surft, ein grundlegendes Verständnis von Statistik.

Der Wunsch, die Welt begreifbar zu machen, ist offenbar so stark, dass selbst völlig sinnlose Zahlen in seriösen Medien präsentiert werden, und das sogar, wenn im selben Artikel auf den statistischen Unfug hingewiesen wird. So schrieb die „Frankfurter Allgemeine Zeitung" über eine Befragung von Pegida-Demonstranten, die Befunde seien keinesfalls repräsentativ und man könne nichts über den typischen Pegida-Demonstranten sagen. Im übernächsten Abschnitt wurden dann aber exakte Prozentsätze zur politischen Orientierung, zum Wahlverhalten, zum Vertrauen in politische und öffentliche Institutionen und zur Haltung von Pegida-Demonstranten gegenüber der Demokratie genannt, als ob es sich um Fakten handeln würde.

Frank Schirrmachers Kommentar ist aus statistischer Sicht, vorsichtig gesagt, etwas unglücklich formuliert. Vielleicht wollte er ausdrücken, dass man Zahlen aus der Demografie nennen darf, dass das in Ordnung ist und kein Tabu sein sollte. Wir können ihn selbst nicht mehr fragen. Beim Wort genommen lässt sein Satz jedoch gleich zwei problematische Interpretationen zu.

Demografie, oder allgemeiner Statistik, besteht einfach nur aus Zahlen – das ist die erste mögliche Lesart –, und zwar aus Zahlen, die oft wenig bis gar nichts darüber aussagen, wie unsere Welt wirklich ist. Die Welt ist eben komplex, weil sie nur durch Beziehungen und Kontexte zu verstehen ist. Selbst der Städtestatistiker Ansgar Schmitz-Veltin schreibt, der Wunsch der Städtestatistik, die gesellschaftliche Realität mit „objektiven" Zahlen zu beschreiben, habe vermutlich noch nie ernsthaft funktioniert. Dem will ich widersprechen. Statistik ist ein Mittel, Informationen zusammenzufassen und zu komprimieren.

Dabei geht naturgemäß etwas verloren. Aber genau deswegen ist Statistik ein Mittel, Informationen überhaupt erst transportierbar zu machen, so wie Sprache. Denn dasselbe geschieht, wenn ein Journalist eine Reportage schreibt oder ein Musiker sein Album in Form von MP3-Dateien veröffentlicht. Ein grundlegendes Verständnis von Statistik, von Demografie, Wirtschafts- und Sozialstatistik, aber auch von Wahrscheinlichkeitsrechnung steht deshalb auf einer Stufe mit der Fähigkeit zum Lesen und Schreiben. Statistik zu verstehen ist eine notwendige Fähigkeit, um die Welt, in der wir leben, einordnen und bewerten zu können und um Entscheidungen unter Unsicherheit zu treffen. Allein die Beantwortung der Frage, ob und wie viel bestimmte Statistiken aussagen, sei es für sich allein genommen oder im Kontext weiterer Informationen, setzt schon ein grundlegendes Verständnis für Statistik voraus.

Die zweite mögliche Lesart – es ist Demografie und deshalb in Ordnung – stellt Sarrazins Buch auf eine Stufe mit den Publikationen der statistischen Ämter. Auch das ist falsch. Statistische Ämter wählen nicht aus, um bestimmte (politische) Thesen zu stützen. Man kann sich zwar darüber streiten, ob die amtliche Statistik alles Relevante abbildet und ob umgekehrt alles in der amtlichen Statistik Abgebildete relevant ist, aber das Auswahlkriterium ist nicht eine bestimmte politische Haltung. (Gegen Ausnahmen kämpft beispielsweise die „Radical Statistics Group" in Großbritannien: „Statistics should inform, not drive politics".) Statistische Ämter wählen allerdings im Sinne einer Qualitätssicherung aus. Das heißt, ihre Quellen, Erhebungsmethoden und Grundgesamtheiten sind bekannt und anerkannt. Das heißt nicht, dass die amtliche Statistik perfekt und unangreifbar wäre. Auch bei ihr treten Fehler auf, aber diese werden, sobald sie bekannt sind, immerhin korrigiert. Bei wissenschaftlichen Studien geschieht das meist nicht. Doch nicht nur die Auswahl, sondern auch die Darstellung von Daten kann eine Manipulation bewirken. Absolutwerte, Prozentwerte, die Berechnung von Quoten – jede dieser Darstellungen betont bestimmte Aspekte der Daten und lenkt unsere Aufmerksamkeit weg von anderen. So zeigten Psychologen in Hongkong erst kürzlich in einem Experiment, dass Probanden sich relativ zu anderen beurteilten und nicht absolut. Konkret bewerteten sie ihre eigene Leistung ziemlich schlecht, wenn man ihnen sagte, sie hätten fünf Prozent Fehler gemacht und jemand anderes nur zwei Prozent. Ziemlich zufrieden waren sie aber, wenn sie erfuhren, dass sie 95 Prozent richtig hätten und die andere Person 98 Prozent ...

„Statistik ist für mich das Informationsmittel der Mündigen. Wer mit ihr umgehen kann, kann weniger leicht manipuliert werden. Der Satz ‚Mit Statistik kann man alles beweisen' gilt nur für die Bequemen, die keine Lust haben, genauer hinzusehen." Es sei daher notwendig, genau hinzusehen, fügte die Meinungsforscherin Elisabeth Noelle-Neumann hinzu Genaues Hinsehen lässt sich im Wesentlichen auf zwei Grundaspekte zurückführen. Zuerst muss die Datenbasis stimmen, also das Rohmaterial, mit dem gearbeitet wird. Gleiches gilt für das Handwerkszeug, mit dem diese Daten dann weiterverarbeitet werden. Schlechte Daten werden nicht besser durch ein komplexes statistisches Modell, und aus guten Daten werden falsche Aussagen, wenn die Methodik der Weiterverarbeitung nicht stimmt.

Bis dahin beschränkt sich statistisches Verständnis auf die routinierte Anwendung handlicher Fertigkeiten. Liest man gängige Bestseller über das „Lügen mit Statistik", dann scheint die Angelegenheit auch recht einfach. Solche Bücher über den richtigen Umgang mit Statistiken gibt es zuhauf. Meistens handeln sie von sehr grundlegenden Problemen wie der Unterscheidung zwischen Median und Mittelwert oder dem richtigen Gebrauch von Grafiken. Sie verbleiben auf der Ebene der Beschreibung. Zudem sind die dargestellten Beispiele oft stark vereinfacht und stellen damit Journalisten, die scheinbar derart dumme Fehler machen, mehr oder weniger direkt als inkompetente Schreiberlinge dar.

Das Kernproblem ist ein gänzlich anderes. Statistisches Denken widerspricht unserer Intuition, die von statistisch aufbereiteten „harten" Zahlen und „objektiven" Fakten in erster Linie Struktur und Objektivität erwartet. Doch Statistik ist nicht nur objektiv, Statistik ist nicht nur Handwerk. Statistik ist immer auch mit Subjektivität und Unsicherheit verbunden. Statistik arbeitet mit Wahrscheinlichkeiten, nicht mit Sicherheiten. Daraus erwachsen Fallstricke und Missverständnisse sowie oftmals überzogene Erwartungen, was Widersprüche zu unseren Denkgewohnheiten ergibt, die ständig nach „Wahrheiten" und Mustern in unseren Beobachtungen suchen.

Die Nutzer von Statistik haben „häufig die Erwartung, nur mit genauen Zahlen auch genau planen zu können", schreibt Ansgar Schmitz-Veltin und fährt fort: Dies „zu überwinden erfordert Mut". Um den Mut, genauer hinzusehen und die Möglichkeiten wie auch die Grenzen von Statistik auszuloten, darum geht es in diesem Buch.

Zum Nachlesen:

Elhami, N.: Interview mit Frank Schirrmacher in DRadio Wissen, 02.09.2010.

Kwong, J. Y. Y. und Wong, K. F. E.: Fair or Not Fair? The Effects of Numerical Framing on the Perceived Justice of Outcomes. Journal of Management 40(6), S. 1558–1582, September 2014.

Leyendecker, H.: Was zur Hölle ist Recherche. Eröffnungsrede der nr-Fachkonferenz „Recherche reloaded". Hamburg, 28.05.2011.

N. N.: Anti-Islam-Bewegung Pegida: Forscher zweifeln an Teilnehmerzahl der Demonstrationen. Frankfurter Allgemeine Zeitung, 19.01.2015.

Schmitz-Veltin, A.: Szenarien in der Stadtforschung – eine sinnvolle Ergänzung zu klassischen Vorausberechnungen? In: Szenarien zur demografischen, sozialen und wirtschaftlichen Entwicklung in Städten und Regionen, Themenbuch Stadtforschung und Statistik 1, S. 137–145, Köln, 2013.

1.2 Über Denkmuster

Statistik weckt bei Nicht-Statistikern zunehmend höhere Erwartungen. Nicht zuletzt liegt das an ihren neuen Kleidern. Heute sagt man „Big Data", „Data Science" oder „Analytics" und meint damit eine modernere, „bessere", oftmals auch nur eine praxisorientiertere Statistik. (Wer einen Blick auf die gängigen Statistik-Skripten an den Universitäten wirft, dem erschließt sich Letzteres ganz unmittelbar.)

Analytics, so definiert es das Institute for Operations Research and the Management Science (INFORMS), sei „the scientific process of transforming data into insight for making better decisions". Das klingt neu und aufregend. Doch schon vor rund 25 Jahren beschrieb der indische Statistiker C. R. Rao die Statistik als „Methode, Informationen aus Daten zwecks Entscheidungsfindung zu extrahieren". Beides macht glauben, dass sich mit modernen statistischen Methoden Unsicherheit besiegen lässt, dass sich Entscheidungen berechnen lassen. Rao klärt uns sofort auf: Sicheres Wissen entstehe in einer neuen Art des Denkens aus der Kombination von unsicherem Wissen und dem Wissen über das Ausmaß der Unsicherheit.

Aber für unsere vertrauten Denkmuster klingt das arg konstruiert. Wir verstehen unter sicherem Wissen das Gegenteil von unsicherem Wissen. Viele Nicht-Statistiker erhoffen sich von Statistik die Grundlage zu Entscheidungen auf Basis der Rationalität nackter Zahlen. Schließlich ist Mathematik neben der Philosophie die einzige Wissenschaft, die sich mit Wahrheiten beschäftigt. Schon in der Schule stand am Ende jeder Mathe-Aufgabe ein Wert, der entweder richtig oder falsch war. Der Kopf weiß, dass es bei Statistik um Wahrscheinlichkeiten geht, aber der Bauch erwartet klare „mathematische" Aussagen. Als solche werden Statistiken dann aufgefasst.

Wenn wir als Statistiker uns dagegen wehren, führt dies bei Laien oft zu einem Umschwung ins Gegenteil. Wer zuvor noch an die Unbestechlichkeit der Zahlen glaubte, der kommt nun zur Überzeugung, dass Statistiker zu keinen konkreten Aussagen fähig seien und der Instinkt dem ganzen Zahlenhokuspokus sowieso überlegen sei. Eine derartige Überzeugung reift besonders dann, wenn die Statistik partout nicht zum gewünschten Ergebnis kommen will. Und solche Missverständnisse richten leider oft nachhaltigen Schaden an. Denn Statistik hilft der produzierenden Industrie, Ressourcen besser auszuschöpfen, Abfälle und Emissionen zu reduzieren und damit effizienter zu wirtschaften. Sie dient weitsichtigen Politikern dazu, Steuermittel verantwortungsvoll einzusetzen, indem sie beispielsweise demografische Entwicklungen bei ihrer Schulbedarfsplanung berücksichtigen. Kurz gesagt: Wer nachhaltige Entscheidungen treffen will, kommt an der Statistik als Mittel zur systematischen Datenanalyse nicht vorbei.

Eine wesentliche Fähigkeit, die von Führungskräften verlangt wird, ist Entscheidungskompetenz. Aber worin besteht diese? Sie ist sicher nicht die weit verbreitete Überzeugung, dass es genau eine richtige, gute und Erfolg versprechende Lösung gebe und mindestens eine falsche, schlechte, zum Scheitern verurteilte Alternative. Ein ähnlicher Denkfehler findet sich bei Journalisten: Es gebe etwas „Wahres", und die Wahrheit sei dauerhaft. Es gebe etwas „Falsches", „Schlechtes", das ein Journalist aufdecken muss. Wie verlockend ist es, wenn Unternehmen in ihren Pressemitteilungen, Wissenschaftler in ihren Studien und Politiker in ihren Reden diese „Wahrheit" auf dem Silbertablett präsentieren. Das Problem ist die Realität mit ihrem „Sowohl-als-auch" und ihrer Unsicherheit.

Der grundlegende Denkfehler liegt in der Erwartung, dass Entscheidungen mit Hilfe von Datenanalyse berechnet werden können. Doch ohne Unsicherheit braucht man keine Entscheidung. Und wenn es nichts zu entscheiden gibt, braucht man keine Entscheider.

Fehler beim Verständnis von Statistik entstehen häufig dann, wenn Entscheidungen und Meinungen eigentlich schon feststehen und die Statistik einer Art „post-dezisionistischen Argumentation" dienen soll – sie rechtfertigt das, was man schon längst einfach so beschlossen hat. Das Traurige daran ist, dass viele inzwischen schon glauben, dass es „sowieso immer so läuft". Und wenn die Statistik zur getroffenen Entscheidung passt, unterstellen deren Gegner häufig, dass diese Statistik nur passend ausgesucht oder passend gemacht worden sei. Bestätigt ein Gutachten die politische Linie der herrschenden Partei, dann waren die Gutachter eben gekauft. Belegt eine Studie im Auftrag eines Windelherstellers den ökologischen Vorteil von Wegwerfwindeln, dann war die Studie eben manipuliert.

Statistische Analysen schaffen für den, der statistisches Denken nicht gelernt hat, eine scheinbare Sicherheit – oder das genaue Gegenteil, ein abgrundtiefes Misstrauen gegen diese „größtmögliche Art des Lügens". Dieses Problem wird im Zeitalter von Big Data massiv zunehmen. Einerseits gibt es Fälle wie den von Kenneth Rogoff, dem Harvard-Professor und früheren Chefökonom des Internationalen Währungsfonds. Rogoff und seine Kollegin Carmen Reinhart zogen aus ihren Daten recht radikale Schlüsse über die ökonomischen Folgen einer hohen öffentlichen Verschuldung. Prompt zitierten Politiker in den USA und Europa diese Ergebnisse eifrig als Beleg für die Notwendigkeit einer strikten Sparpolitik. Das war allerdings etwas voreilig, denn drei Jahre später stellte sich heraus: Die Wissenschaftler hatten sich verrechnet.

Auf der anderen Seite trauen Menschen offenbar eher ihrem eigenen Bauchgefühl als einem Algorithmus. Das untersuchten Forscher der Universität Pennsylvania in einem Experiment. Ihre Probanden sollten verschiedene Prognosen abgeben; zugleich bekamen sie Vorschläge für diese Prognosen von einem Computer. Sobald man ihnen zeigte, dass der Algorithmus nicht perfekt war, verließen sie sich fast ausschließlich auf ihre Intuition. Obwohl in Summe der Algorithmus nachweislich eine deutlich höhere Trefferquote besaß als jeder Mensch, verziehen ihm die wenigsten Teilnehmer seine seltenen Fehler. Wie man Menschen trotzdem davon überzeugen kann, der Statistik zu trauen und nicht (nur) ihrer Intuition, darauf kann die Wissenschaft bis heute keine Antwort geben.

Statistische Analysen nutzen Algorithmen, mathematische Formeln und deren Umsetzung in Programmcode. Statistik ist dennoch weit mehr als eine Sammlung von Rezepten zum „Kneten" von Daten. Statistik ist eine spezielle Art des Denkens. Ein guter Statistiker denkt nicht in „richtig" oder „falsch", in „null" oder „eins", in „sicher" oder „unsicher". Statistik, egal ob auf kleine oder unvorstellbar große Datenmengen angewandt, liefert vor allem eine Information: Sie beantwortet die Frage, wie groß die restliche Unsicherheit ist, die man selbst mit der kompliziertesten Mathematik, den leistungsstärksten Computern und den cleversten Statistikern auf diesem Planeten nicht beseitigen kann.

Warum fällt den meisten Menschen statistisches Denken so schwer? Eine Antwort auf diese Frage gibt der Nobelpreisträger Daniel Kahneman in seinem Buch „Schnelles Denken, langsames Denken". Um den Alltag in einer komplexen Welt, die ständig rasche Entscheidungen erfordert, zu bewältigen, müssen wir in der Lage sein, Ähnlichkeiten zwischen Situationen zu erkennen und Erfahrungen zu verallgemeinern. Wir entwickeln Heuristiken, überschlägige Denkregeln und Urteilsweisen, weil es einfach unmöglich ist, ständig alle Eventualitäten, Wechselwirkungen, Restriktionen und Folgen unseres Tuns abzuwägen. Entscheidungen „aus dem Bauch heraus" sind solche, die auf unbewussten empirischen Analysen unserer Lebenserfahrung beruhen und daraus ableiten, was vermutlich richtig ist, weil es schon einmal ganz gut funktioniert hat.

Die gute Nachricht: Jeder von uns arbeitet ganz intuitiv mit Statistik. Wir haben eine ungefähre Vorstellung davon, wie viel Geld wir für den Wochenendeinkauf einstecken müssen, weil wir abschätzen, was unser Warenkorb im Durchschnitt kostet. Wir planen Pufferzeiten ein, wenn wir zu einem wichtigen Termin fahren, wobei wir Extremwertstatistik betreiben. Wir jonglieren mit Trends („diese Woche habe ich ein halbes Kilo abgenommen, da passt mir bis zum Sommerurlaub mein neuer Bikini") und Korrelationen („um die Uhrzeit kam da noch nie ein Auto"). Wir analysieren also Daten in Form von Beobachtungen und Erfahrungen mit Hilfe empirischer Methoden und statistischer Verfahren, etwa der Berechnung von Mittelwerten. Und das tun wir jeden Tag.

Zum Nachlesen:

Dietvorst, B. J. et al.: Algorithm aversion: People erroneously avoid algorithms after seeing them err. Journal of Experimental Psychology: General 144(1), S. 114–126, Februar 2015.

Eichengreen, B.: Der eigentliche Skandal. Die ZEIT, 02.05.2013.

Kahneman, D.: Schnelles Denken, langsames Denken. München, Siedler Verlag, 2012.

Rao, C. R.: Was ist Zufall? Statistik und Wahrheit. München, Prentice Hall, 1995.

1.3 Heuristik und Statistik

Der Unterschied zwischen Heuristik und Statistik liegt darin, dass Statistik erstens immer die Möglichkeit in Betracht zieht, dass die „Regelmäßigkeit" unserer Daten auf Zufall beruht, und dass sie zweitens strikt zwischen Daten und Annahmen über diese Daten unterscheidet. Heuristik hinterfragt die Muster nicht. Dann werden wir überrascht wie in C. R. Raos Anekdote der Königssohn, der eines Tages unter den Bewohnern seines Reiches auf einen Mann traf, welcher ihm zum Verwechseln ähnlich sah. „War deine Mutter jemals in meinem Palast angestellt", fragte er diesen. „Nein", entgegnete der Mann, „aber mein Vater."

„Fooled by randomness" nennt Nassim Taleb, Börsenhändler und Bestseller-Autor, die menschliche Neigung, Zufallsprodukte als regelmäßige und systematische Muster zu deuten. Lässt man eine Million Affen auf Schreibmaschinen herumhämmern, könnte vielleicht irgendwann einer von ihnen Shakespeares Werke produzieren. Bloß macht das den Affen nicht zum Schriftsteller. Wollen wir wirklich darauf wetten, dass dieser Affe als nächstes Goethes „Faust" eintippt? Wohl kaum. Doch wenn eine Million Händler an der Börse zocken und einer von ihnen irgendwann durch Zufall astronomisch hohe Renditen erzielt, dann vertrauen ihm viele blindlings ihr Vermögen an.

Lassen wir eine Software beliebig viele Modelle an einem Datensatz berechnen, dann wird irgendeines davon rein durch Zufall perfekt passen. So funktioniert Data Mining. Es ist fast sicher, dass ein anderes Modell besser passt, sobald neue Daten hinzukommen. Wer glaubt, dass sich die Zukunft genau so fortsetzt wie die Vergangenheit, der verkennt, dass irgendein Ereignis der Vergangenheit von Zufall beeinflusst ist. Statistik bedeutet, den Zufall von der Wahrheit zu trennen. Data Mining ohne Nachdenken bedeutet, dass wir den Zufall zur Wahrheit erklären.

Wir sollten nicht gleich ein System vermuten, nur weil wir ein mathematisches Modell finden, das die Daten der Vergangenheit exakt nachbilden kann. Denn so ein Modell gibt es immer. Beispielsweise lassen sich zwei zufällig ausgewählte Datenpunkte genau durch eine Gerade beschreiben. Ob weitere, unbeobachtete Datenpunkte zwischen, vor oder hinter diesen beiden Punkten ebenfalls auf der Geraden liegen, ist keineswegs sicher. Deswegen sind lineare Interpolationen oder Trends mit höchster Vorsicht zu betrachten. Wir Menschen neigen dazu, derartige Muster in beobachteten Daten zu suchen und diese Muster in dem Moment, da wir sie entdecken, als „typisch" für die Daten zu identifizieren. Daraus leiten wir ab, dass starke Abweichungen von diesen Mustern etwas zu bedeuten hätten, obgleich sie einfach zufällige Streuungen sein können.

Das Phänomen der „Regression zum Mittelwert" beschreibt das statistische „Gesetz", nach dem in einer Folge zufälliger Messwerte auf einen extrem ausgefallenen Wert fast sicher einer folgt, der deutlich näher am Mittelwert der Daten liegt. Sich das vorzustellen ist nicht einfach, und so tendieren wir dazu, auf Ausreißer alarmiert zu reagieren. Die Statistik kennt deshalb das Konzept der *Signifikanz*, das uns beurteilen lässt, ob Strukturen oder Trends systematisch sind und ab wann Abweichungen von diesen Strukturen nicht mehr durch den Zufall zu erklären sind. Dass eine Beobachtung höchstwahrscheinlich keine zufällige Schwankung darstellt, heißt noch lange nicht, dass sie irgendeine praktische Bedeutung hätte, und so ist *Relevanz* etwas ganz anderes als Signifikanz.

Bei sehr großen Stichproben lassen sich sehr schwache Zusammenhänge oder sehr kleine Unterschiede als „signifikant" nachweisen, aber praktisch gesehen mögen diese völlig vernachlässigbar sein. Bei sehr kleinen Stichproben werden hingegen womöglich selbst große Effekte nicht signifikant, sind nach statistischer Bewertung also Zufallsprodukte, auch wenn sie real eine hohe Bedeutung haben und man eigentlich darauf reagieren müsste.

Von Stichproben ist es nicht weit zum Begriff der *Repräsentativität*. Repräsentativität ist eines der wichtigsten Konzepte der angewandten Statistik, zugleich aber sehr schwer sicherzustellen. Anekdotische Einzelbeobachtungen sprechen Leser emotional an, Häufigkeitsdaten hingegen wirken sachlich und nüchtern: „Der Tod eines Menschen: Das ist eine Katastrophe. Hunderttausend Tote: Das ist eine Statistik!", formulierte es Kurt Tucholsky. Dennoch stehen Daten in Bezug zu den realen Gegebenheiten, die dahinterstecken. Daten werden über Personen, Orte oder Zeitpunkte erhoben, die man statistische Subjekte nennt. Sie können mittels Fragebogen, Maßband oder komplexen Messinstrumenten gewonnen worden sein.

Wichtig ist insbesondere, dass die Daten systematisch und regelmäßig vorliegen. Der Plural von „Anekdote" ist nicht „Daten". Aus einzelnen Gesprächen oder Erzählungen lassen sich meist nur mit aufwendigen Verfahren saubere Datensätze gewinnen, umgekehrt generiert heutzutage die Vielzahl an Computern und Geräten, die unser Leben durchziehen, eine kaum zu überblickende Flut von Daten, die erst ähnlich aufwendig gefiltert werden muss.

Mit der Erfassung und Beschreibung von Daten in Stichproben befasst sich die *deskriptive Statistik:* Wie viele Menschen würden die Union wählen, wenn morgen Bundestagswahl wäre? Hat diese Zahl im letzten Monat zu- oder abgenommen?

Induktive Statistik zieht mit Hilfe der Wahrscheinlichkeitsrechnung aus diesen Ergebnissen Schlüsse auf die Grundgesamtheit und ermöglicht so Entscheidungen: War die Änderung im letzten Monat ein „echter" Trend oder nur auf Unsicherheiten in den Daten zurückzuführen? Sollte die Union mehr mit Kanzlerin Merkel werben?

Wenn das Politbarometer verkündet, dass 40 Prozent die Union wählen würden, so ist dies eine Aussage über alle Wahlberechtigten, die für eine Bundestagswahl die interessierende Grundgesamtheit darstellen. Praktisch ist es unmöglich, die derzeit etwa 62 Mio. Wahlberechtigten zu befragen. In diesem Fall nicht nur wegen des finanziellen Aufwands, sondern weil die Gruppe der Wähler rein hypothetisch ist. „Wähler" sind nicht gleichzusetzen mit den „wahlberechtigten Personen", und es ist sehr aufwändig, die „wahrscheinlichen Wähler" aus Befragungen zu extrahieren.

Befragungen und Studien arbeiten in aller Regel mit Stichproben, diese werden deskriptiv analysiert, und mittels induktiver Statistik werden Aussagen über die Gesamtbevölkerung, alle Unternehmen oder alle Bäume in Deutschland getroffen. Dies ist zulässig, wenn die Stichprobe repräsentativ ist, was heißt, dass jedes Subjekt der Grundgesamtheit die gleiche Chance hat, in der Stichprobe aufzutauchen.

Eine repräsentative Stichprobe zu ziehen, ist selbst dann schwer, wenn Daten über die Grundgesamtheit und die finanziellen Mittel zur Verfügung stehen. So ist es für eine Zeitung einfach, eine repräsentative Auswahl ihrer Abonnenten zu ziehen, und sie hat sogar aktuelle Adressen für praktisch alle daraus bestimmten Teilnehmer. Aber auf die anschließende Befragung werden unterschiedliche Personengruppen mit unterschiedlichen Wahrscheinlichkeiten antworten. Zeitungen gehen an Haushalte, und es ist oft schwer zu bestimmen, wer genau dort antwortet.

Für wissenschaftliche Studien ist die Lage noch schwieriger. Eine Telefonbefragung von 1.000 Haushalten ist für die universitäre Forschung oft kaum zu finanzieren, und viele Studien benötigen detaillierte medizinische Untersuchungen, manchmal über Jahre hinweg. So sind am Ende viele der Ergebnisse gar nicht repräsentativ für „alle Deutschen", sondern für „Studenten, die die Mensa der Geisteswissenschaftler besuchen und auf den Aufruf zur Studienteilnahme geantwortet haben".

Bei jeder Art von freiwilliger Befragung führt insbesondere der Zusammenhang zwischen Motivation und Antwortverhalten der Teilnehmer zum sogenannten Selektions-Bias. (Ein Bias ist in der Statistik ein systematischer Fehler, der zu einer verzerrten Aussage führt.) Denn es antworten ja gerade diejenigen, die von einem Thema besonders betroffen sind, sodass Extremfälle überrepräsentiert sind.

Um die Qualität der Datenbasis zu erhöhen und nicht auf einige wenige Studienteilnehmer beschränkt zu sein, greift man gelegentlich auf große Datensätze zurück, etwa auf solche des statistischen Bundesamts oder anderer professioneller Datensammler. Bei massenhaft erhobenen Daten finden sich aber häufig Fehler: Messfehler, Missverständnisse bei der Beantwortung, fehlende Werte und ähnliches. Der Anteil der Streuung in den Daten, der tatsächlich auf Unterschiede bei den zugrunde liegenden Subjekten zurückzuführen ist und nicht auf Fehler in der Datenerhebung, nennt sich *Reliabilität*. Dieser Begriff wird auch benutzt, um die Güte eines Messinstruments zu beurteilen: Wie genau kann es eigentlich messen, was es messen soll?

Die Kombination von mehreren Datensätzen wird besonders kritisch, wenn subtile Unterschiede in den Definitionen von Begriffen bestehen. So muss ein „Student" aus Sicht der Bundesagentur für Arbeit nicht unbedingt einem „Studenten" nach der Definition des Statistischen Bundesamts entsprechen. Dieses Problem tritt insbesondere bei abstrakten Begriffen auf, bei denen die Definitionsfrage nicht selbst schon Teil der wissenschaftlichen oder gesellschaftlichen Diskussion ist. Wer ist „arbeitslos"? Wer „arm"? Was macht eine Person „attraktiv"? Was ist „Ballbesitz"? Regelmäßig werden aus fragwürdigen oder sehr spezialisierten Definitionen von Begriffen auf dem Weg von der Studie zum wissenschaftlichen Artikel, zum Titel, zur Pressemitteilung, zum Zeitungsartikel sehr generalisierte und pauschalisierte Aussagen. Bei der Frage, ob Daten das beinhalten, was sie aussagen sollen, oder ob ein Messinstrument das misst, was es messen soll, geht es um die *Validität*. Ein Maßband aus Gummi, im leicht gedehnten Zustand korrekt mit Zentimeter- und Millimeterstrichen versehen, misst die Länge eines Gegenstands zwar valide, aber nicht reliabel. Der Body Mass Index, in der Fallstudie „Wie Essen unsere Gesundheit bedroht" näher beschrieben, misst Übergewicht reliabel, aber nicht valide, weil sich der Körperfettanteil von Athleten und Sofaliebhabern im Allgemeinen erheblich unterscheidet. Ein Body Mass Index, der auf erfragten und nicht gemessenen Körpermaßen beruht, ist auch nicht reliabel.

Statistik beschäftigt sich mit *Unsicherheit*. Viele Werte lassen sich nur sehr grob schätzen. Dies ist kein Drama, es ist das Metier der Statistik. Bedauerlicherweise werden viele statistische Aussagen aber von Personen mit mangelnden Kenntnissen oder gar böser Absicht, vielleicht auch in einem Moment der Unachtsamkeit getroffen. Teils führt dies zu echten Fehlern, teils nur zu subtilen Verzerrungen, die auf den ersten Blick schwer zu entdecken sind, technisch gesehen vielleicht sogar korrekte Aussagen darstellen und unterschwellig doch einen völlig falschen Eindruck vermitteln.

So könnte ein neues Gesetz ungefähr 2 bis 5 Mrd. € kosten. Im Mittel sind es 3,5 Mrd. €; geteilt durch etwa 80,6 Mio. Einwohner ergibt das 43,42 € pro Bundesbürger. Dieser cent-genaue Betrag wird dann gemeldet und diskutiert, als wäre er in Stein gemeißelt, obwohl bei den Ausgangszahlen eine Unsicherheit vom Faktor 2,5 bestand. Vielleicht wird von Werten zwischen 24,81 € und 62,03 € pro Person gesprochen, um die Bandbreite zu verdeutlichen.

Doch rechtfertigt die grobe Schätzung sicher ebenso wenig eine Präzision auf den Cent genau. Technisch gesehen ist der präzise Wert nicht falsch oder wäre es nicht, wenn die besten verfügbaren Bevölkerungszahlen verwendet würden. Aber er suggeriert eine Sicherheit und Genauigkeit, die so nicht existiert.

Dieser Fehler tritt auch in wissenschaftlichen Publikationen häufig und quer durch fast alle Fachrichtungen auf. In nicht-wissenschaftlichen Artikeln kommen dazu noch die verwandten Verzerrungen durch schlichte Übersetzungsfehler. Aus „about 100 miles" werden dann „ungefähr 160,93 km". Dabei wird eine grobe Zahl durch die Multiplikation mit einem präzisen Faktor auf wundersame Weise scheingenau. Die Unsicherheit, die im Original zum Ausdruck kam, geht verloren.

Ein Verhältnis, z. B. die Kosten eines Gesetzes pro Bürger, lässt sich immer berechnen, wenn zwei Zahlen vorliegen. Es ergibt aber nur Sinn, wenn die Zahlen eine natürliche Beziehung zueinander haben. Im Dezember 2014 berichtete die FAZ über die Berechnung der Bertelsmann-Stiftung und die Gegenrechnung des ifo-Chefs Hanns-Werner Sinn, ob Migration ein Verlustgeschäft sei oder nicht. Dahinter steckt genau die Frage nach der korrekten Wahl von Zähler und Nenner: Welche Kosten und Einnahmen sollen wie umgelegt werden, und wer ist überhaupt Migrant.

Verhältnisse dienen oft dazu, aus absoluten, schwer greifbaren Zahlen relative Werte mit intuitiver Bezugsgröße zu machen: Von der Harry-Potter-Serie wurden laut BBC News bis Juni 2011 etwa 450 Millionen Exemplare verkauft. Das klingt beeindruckend, und man kann es sich kaum vorstellen. Anschaulicher sind Vergleiche wie „anei-

nandergelegt würden die Bücher um die Erde reichen"....
Viele Dinge des täglichen oder weniger täglichen Lebens
werden da gerne herangezogen, etwa Fußballfelder, Kleinwagen, Elefanten ...

Allein schon die Wahl der Bezugsgröße rückt Zahlen in
ein spezielles Licht. Durch den Wechsel von Elefanten zu
Kleinwagen kann eine Zahl um den Faktor zwei bis vier
aufgebläht werden – weder Elefant noch Kleinwagen sind
international normierte Gewichte –, ohne dass dies dem
durchschnittlichen Leser auffallen dürfte. Insbesondere
Vergleichsmaßstäbe, zu denen die meisten Menschen keinen intuitiven Bezug haben, können ein Anzeichen für subtile Manipulation sein.

Warum sollen Beobachtungen überhaupt verglichen
oder in Bezug gesetzt werden? Normalerweise deshalb, weil
wir vermuten, dass zwischen ihnen ein Zusammenhang
besteht. Kleider machen Leute heißt es, und so schließen
wir aus der Kleidung einer Person, oft unbewusst, auf ihren
Status.

Auf Daten übertragen berechnen Wissenschaftler verschiedenste Maßzahlen für Zusammenhänge und berichten
dann über die *Korrelation* zwischen der Mobilfunk-Nut-
zung und der Häufigkeit von Hirntumoren. Oder sie streiten darüber, ob eine Helmpflicht für Fahrradfahrer sinnvoll ist oder nicht. Daten aus West-Australien belegen, dass
nach Einführung der Helmpflicht 1992 die Zahl der pro
Jahr tödlich verunglückten Fahrradfahrer um etwa 16 Prozent gesunken ist. Die landesweite Einführung der Helmpflicht zwei Jahre später führte sogar zu einem Rückgang der
tödlich Verunglückten um rund 35 Prozent. Andererseits
gibt es Indizien dafür, dass viele Leute auf das Fahrrad ver-

zichten, wenn sie einen Helm tragen müssen. In West-Australien waren es Umfragen zufolge etwa 30 Prozent.

Falls Helme die Anzahl von Kopfverletzungen reduzieren, müsste es in Ländern mit Helmpflicht weniger Kopfverletzungen unter Fahrradfahrern geben. Das kann man bisher nicht nachweisen. Bezogen auf die Bevölkerung gibt es in diesen Ländern, etwa Australien, Neuseeland und Teilen Kanadas, weniger Kopfverletzungen beim Fahrradfahren – aber nicht bezogen auf die Zahl der Fahrradfahrer. In den USA ist der Anteil von Kopfverletzungen sogar gestiegen, seit vermehrt Helme getragen werden.

Damit ein Helm dem einzelnen Radfahrer nützt, darf dieser Einzelne nicht schneller oder riskanter fahren, in dem Glauben, dass ihn der Helm schützt. Damit Helme der Gesellschaft nützen, dürfen sie Menschen nicht vom Fahrradfahren abhalten, denn Radfahren ist gesund für Mensch und Umwelt. Wenn man Kosten und Nutzen einer Helmpflicht gegeneinander abwägt, dann sieht es leider gar nicht gut aus für die Helme. Nicht weil die Helme an sich nichts bringen, sondern weil Menschen ihr Verhalten ändern, wenn sie Helme tragen – egal ob sie es freiwillig tun oder nicht. Schützen also Helme ursächlich vor tödlichen Kopfverletzungen? Vermutlich ja. Kann man dies statistisch durch Korrelationsanalysen belegen? Vermutlich nein.

Umgekehrt bedeutet eine Korrelation zwischen zwei Merkmalen nicht, dass eines das andere kausal verursacht. Wir konstruieren solche Ursache-Wirkungs-Beziehungen fast schon automatisch, sobald wir zwei gemeinsam auftretende Ereignisse beobachten. Denn so entsteht ein Muster, das uns hilft, die Welt besser zu verstehen. Das macht es so schwierig, wissenschaftliche Ergebnisse ohne Suggestion zu kommunizieren – wenn man es überhaupt möchte. Niemand gibt wohl einer Publikation den Titel „Höhere Leukämieraten in der Umgebung von Atomkraftwerken gefunden" und erwartet ernsthaft, dass der Leser nicht automatisch eine Beziehung zwischen beidem unterstellt. Das heißt, wenn im wahren Leben von „Korrelation" die Rede ist, schwingt mehr oder weniger deutlich die Botschaft mit, dass es um Ursache-Wirkungs-Beziehungen geht.

Der Schluss auf die *Kausalität* ist selten gerechtfertigt. Ähnlich könnte ein Titel lauten: „Geringere Geburtenraten bei weniger Störchen". Bringen also Störche die Babys? Nein, sondern es tritt ein Phänomen auf, das man *Scheinkorrelation* nennt. Ein gemeinsamer dritter Faktor – die Verstädterung – verursachte die Änderungen in beiden Variablen.

Aber auf so etwas fällt doch niemand herein? Doch. Im Zuge der Diskussion um die Freigabe der „Pille danach" argumentierten Gegner damit, dass in anderen Ländern, in denen die Pille ohne vorherige ärztliche Beratung verabreicht wurde, nicht nur die Ausgabezahlen der Pille, sondern auch die Zahl der Abtreibungen teilweise deutlich gestiegen seien. Somit würde eine Freigabe dazu führen, dass die „Pille danach" zum Ersatz-Verhütungsmittel wird.

In Deutschland zeigte sich ein ähnlicher, gleichläufiger Zusammenhang. Die Verschreibungszahlen der „Pille danach" gingen in den vergangenen Jahren zurück, ebenso die Zahl der Abtreibungen. Doch im selben Zeitraum häuften sich Aufklärungskampagnen – und dank alternder Bevölkerung gibt es anteilig immer weniger Frauen, die überhaupt Kinder bekommen können. Sowohl Abtreibungen als auch Verschreibungen der „Pille danach" kommen am häufigsten bei 20- bis 25-jährigen Frauen vor. Das wäre ein möglicher Grund, warum beides positiv korreliert.

Selbst wenn ein Kausalzusammenhang besteht, ist die Richtung nicht immer offensichtlich. Das Internetportal „Zentrum der Gesundheit" warnt: „Vitamin-D-Mangel fördert Krebs" und beruft sich auf drei wissenschaftliche Studien. Dumm ist nur: Alle Studien zeigen lediglich auf, dass ein niedriger Vitamin-D-Spiegel zum Zeitpunkt der Krebsdiagnose mit dem Schweregrad der Erkrankung korrelierte und dabei helfen konnte, den weiteren Krankheitsverlauf vorherzusagen. Keine der Studien behauptet, der Vitamin-D-Mangel fördere Krebs. Genauso gut ist eine andere Erklärung denkbar. Schwerere Verlaufsformen könnten dazu führen, dass der menschliche Körper Vitamin D schlechter synthetisiert, dass also der Krebs die Ursache des Vitaminmangels ist und nicht umgekehrt.

Störche und Babys sind nur eines von vielen klassischen Beispielen, die Walter Krämer und Götz Trenkler schon vor 20 Jahren im „Lexikon der populären Irrtümer" anführten. Aber gegen uralte Denkmuster, die uns bei Koinzidenzen sofort nach Kausalitäten suchen lassen, ist eben schwer anzukämpfen.

Zum Nachlesen:

BHRF: Contradictory evidence about the effectiveness of cycle helmets, Bicycle Helmet Research Foundation, www.cyclehelmets.org, o. J.

Krämer, W. und Tränkler, G.: Lexikon der populären Irrtümer. 500 kapitale Missverständnisse, Vorurteile und Denkfehler von Abendrot bis Zeppelin. Eichborn Verlag, Frankfurt/M., 1996.

N. N.: ifo-Chef Sinn: „Migration ist ein Verlustgeschäft".
Frankfurter Allgemeine Zeitung, 29.12.2014.

N. N.: Vitamin-D-Mangel fördert Krebs. Zentrum der Gesundheit, 01.04.2015.

Stollorz, V.: Der Schreck am Morgen danach. Frankfurter Allgemeine Zeitung, 04.03.2014.

Taleb, N.: Narren des Zufalls: Die verborgene Rolle des Glücks an den Finanzmärkten und im Rest des Lebens. Wiley-VCH, 2001.

1.4 Wie Statistiker arbeiten

„I keep saying the sexy job in the next ten years will be statisticians", sagte Googles Chefökonom Hal Varian in einem Interview – im Jahr 2009. Mehr als die Hälfte der angegebenen 10 Jahre sind verstrichen, so dass es sich lohnt hinzusehen, ob – und wenn ja, warum – Statistiker einen sexy Job machen.

Oft gibt es in der Datenanalyse keine eindeutig richtige Methode, genauso wenig wie die Ergebnisse eindeutig sind. Der Statistiker selbst muss schon entscheiden, mit welchen Werkzeugen er die Daten analysieren will, noch bevor er die erste Berechnung durchführt. Sicherlich gibt es Faustregeln und „best practices", aber die gewählte Statistik hängt auch davon ab, was der Entscheider hinterher mit dem Ergebnis anfangen möchte. Mir ist bewusst: Das klingt, als seien alle Statistiken doch irgendwie gefälscht.

Dennoch sind Statistiker nicht einfach Zahlenverdreher oder gar professionelle Lügner. „Statistik ist eher eine Art des Denkens oder Argumentierens als ein Haufen Anweisungen zum Kneten der Daten, um ihnen Antworten zu entlocken", formuliert es einer der herausragenden Statistiker des 20. Jahrhunderts, C. R. Rao. Vier Kompetenzen sind es im Wesentlichen, die gute Statistiker auszeichnen:

1. Sie können Wesentliches von Unwesentlichem unterscheiden.
2. Sie können mit Risiko und Unsicherheit umgehen.
3. Sie können Probleme strukturieren und in Modelle übersetzen.
4. Sie können Daten strukturieren und in Lösungen übersetzen.

Das Schlüsselwort in dieser Aufzählung ist „übersetzen". Ein guter Statistiker ist ein Übersetzer, ist ein Kommunikationsprofi. Statistik komprimiert Informationen, so wie es unsere alltägliche Sprache auch tut. Wenn ich Ihnen beschreiben möchte, wie mein Kaffee schmeckt, von dem ich beim Schreiben dieser Worte gelegentlich einen Schluck nehme, würde ich Sie nicht absichtlich anlügen. Und doch wäre meine Beschreibung keinesfalls objektiv oder gar „wahr", obwohl ich versuchen würde, genau diejenigen Worte zu benutzen, welche die – aus meiner Sicht – relevanten Geschmackseigenschaften des Kaffees beschreiben. Aber würden Sie exakt dieselben Worte wählen? Und würde die Beschreibung nicht davon abhängen, ob Sie eine Rezension über exotische Kaffeeröstungen für ein Gourmet-Magazin verfassen oder Ihrem Kollegen ein rasches Kompliment für seine Kaffee-Kochkünste zurufen?

In der alltäglichen Kommunikation transportieren wir – Sie und ich – über Worte diejenigen Informationen, die uns am wichtigsten erscheinen, damit der Empfänger mit unserer Botschaft möglichst viel anfangen kann. In der Statistik tun wir nichts anderes. In beiden Fällen hängt die Botschaft vom Empfänger und unseren Informationen über seine Absichten ab. Daran ist nichts Falsches, solange wir die Botschaft nicht wider besseres Wissen manipulieren. Wir Statistiker tun im Übrigen gut daran, mit solchen Ambivalenzen offen umzugehen und uns nicht den Anschein von allwissenden „Datenflüsterern" zu geben. Spätestens dann, wenn eine bessere statistische Methode für unser Datenproblem erfunden wird (und die Statistik ist eine sehr kreative und lebendige Wissenschaft, in der fast täglich neue Methoden erfunden werden), müssen wir nämlich zugeben, dass wir doch nicht unfehlbar waren.

Ein Beispiel für eine solche neue Methode ist das GARCH-Modell. Aus heutiger Sicht handelt es sich um eine (für Statistiker) naheliegende, fast schon intuitive Methode zur Modellierung von Abhängigkeitsstrukturen in Zeitreihen, doch ihre Entdeckung und Formulierung war so bahnbrechend, dass der amerikanische Ökonom Robert F. Engle dafür im Jahr 2003 den Nobelpreis erhielt. In der Fallstudie „Wie sich Ungleichheit entwickelt" dieses Buches sind die Konsequenzen einer methodischen Überarbeitung am Beispiel des Sozio-oekonomischen Panels dargestellt.

Seit fünf Jahren arbeite ich nicht nur statistisch, sondern auch journalistisch. Ungefähr einmal pro Woche spreche ich im „Statistik-Gespräch" beim Sender DRadio Wissen über aktuelle Statistiken. Aus diesen Gesprächen sind, mit zwei Ausnahmen, die Fallstudien entstanden, die ich thematisch so gegliedert habe wie die typischen Ressorts einer Zeitung. Immer geht es darum, was in den Zahlen steckt und was bloß Annahmen über die Zahlen sind.

Die Fehler, die auftreten, wenn man beides nicht sauber trennt, sind so vielfältig wie die Statistiken selbst. Aber die Schritte, mit denen ich sie aufdecke (oder das wenigstens versuche), lassen sich gut verallgemeinern. Wenn man sie wie in Tab. 1.1 vergleicht mit den „Schritten des methodischen Recherchierens", die Michael Haller in „Recherchieren. Ein Handbuch für Journalisten" zusammengefasst hat, sieht man sofort die Parallelität des jeweiligen Vorgehens.

Damit unterscheidet sich die Art und Weise, wie ein Statistiker arbeitet, gar nicht so sehr von anderen Rechercheberufen. Wenn ein Statistiker die Aufgabe bekommt, ein Analyseproblem zu lösen, geht es um viel mehr als darum, den Computer mit einer Reihe von Daten zu füttern und dann mit ein paar Mausklicks das richtige Ergebnis herauszupressen. Die Reiseroute beginnt deutlich früher mit einer sorgfältigen Überlegung, wohin man mit welchen Ressourcen eigentlich kommen möchte. Sie führt oft alles andere als geradlinig ans Ziel, manchmal sogar über eine 180-Grad-Wende, und sie endet erst dann, wenn alle Ergebnisse beim Anwender gut untergebracht sind.

Was bedeuten nun die aktuellen Entwicklungen in Bezug auf immer leistungsfähigere Hard- und Software, immer größere und rascher verfügbare Datenmengen und immer ausgefeiltere statistische Methoden? Sie bedeuten letztlich: Wir brauchen mehr Kompetenz im Umgang mit Unsicherheit, also nicht weniger, weil wir alle uns immer weniger darauf berufen können, dass wir nicht genug Informationen hätten. Statistik hilft uns, sicheres Wissen aus

Tab. 1.1 Arbeitsschritte von Journalisten und Statistikern, nach Haller, S. 36, mit eigenen Kürzungen und Ergänzungen

Aufgabe	Vorgehensweise	
	Journalist	Statistiker
Relevanz einschätzen	Nachdenken	Nachdenken, mit Experten und/oder Auftraggeber sprechen
Informationen überprüfen	Archive, Bibliotheken, Informationsquellen; Sachverständige	Vorhandene Daten auf Qualität prüfen und nötigenfalls bereinigen: Messniveau beurteilen, Quelle beurteilen (Messung oder Befragung), Repräsentativität prüfen, Ausreißer und Eingabefehler identifizieren
Sachverhaltsinformationen erweitern	Archive, Bibliotheken und Experten, evtl. Augenschein	Experten zum Thema befragen, Literatur recherchieren, um die Fragestellung genau zu verstehen
Hypothesenbildung	Nachdenken	Nachdenken, explorative Datenanalyse (grafisch, bivariate Zusammenhänge, Mustererkennung)
Hypothesenüberprüfung	Materialauswertung, Befragung der Beteiligten und Betroffenen, Auswertung	Multivariates Modell bilden, Modellgüte prüfen, mit Experten sprechen und ggf. Modell anpassen
Abfassen des Berichts	Rechercheergebnis interpretieren, Bericht verfassen	Endgültiges Modell interpretieren, Bericht verfassen

Informationen zu gewinnen und den Punkt zu finden, an dem die Unsicherheit beginnt. Dort hilft uns Statistik nicht mehr weiter, wohl aber Intuition.

„Wenn wir mündige Bürger in einer modernen technologischen Gesellschaft möchten, dann müssen wir ihnen drei Dinge beibringen: Lesen, Schreiben und statistisches Denken, das heißt den vernünftigen Umgang mit Risiken und Unsicherheiten", sagte der Autor H. G. Wells, dessen Roman „Die Zeitmaschine" zu den bekanntesten Science-Fiction-Klassikern zählt. Ob Statistiker mündiger sind als der durchschnittliche Staatsbürger, ist meines Wissens noch nicht untersucht worden. Doch wenn Politiker und Staatsbürger falsche oder falsch verstandene Statistiken benutzen, um Entscheidungen über Gesetze, Geldanlagen oder ihre Gesundheit zu treffen, dann kosten solche falschen Statistiken bestenfalls Geld, schlimmstenfalls machen sie dumm oder sogar krank. Wenn dieses Buch dabei helfen kann, kritisches statistisches Denken zu fördern, dann ist sein Zweck erfüllt.

Zum Nachlesen:

Haller, M.: Recherchieren. Ein Handbuch für Journalisten. Ölschläger, München, 3. Auflage, 1989.

McKinsey & Company: Hal Varian on how the Web challenges managers, 2009.

2
Politik und Weltgeschehen

2.1 Warum Steuerschätzungen danebenliegen

Politiker benötigen für ihre Arbeit laufend Prognosen und Schätzungen, die einer kritischen Betrachtung standhalten. Sehr traditionsreich ist die deutsche Steuerschätzung. Seit 1955 liefert sie Aussagen über die Höhe der zu erwartenden Steuereinnahmen. Und sie trifft selten ins Schwarze.

Fünf Wirtschaftsforschungsinstitute sowie die Bundesbank, der Sachverständigenrat und das Bundesfinanzministerium, erstellen im „Arbeitskreis Steuerschätzungen" unabhängig voneinander eigene Schätzvorschläge für jede einzelne Steuerart. Dabei arbeitet jede Institution mit eigenen Methoden und Modellen. Die unterschiedlichen Vorschläge werden anschließend so lange diskutiert, bis ein Konsens erreicht ist.

„Prognosen sind schwierig, besonders wenn sie die Zukunft betreffen", soll Mark Twain gesagt haben. Schon das ist unsicher. Möglicherweise war es anstatt seiner Winston Churchill oder Karl Valentin. Selbst solch triviale Aussagen sind mit Unsicherheit behaftet. Umso schwieriger werden Prognosen mit zunehmender Komplexität der Umstände.

Regelmäßig gibt der Arbeitskreis Steuerschätzungen seine Prognosen ab, regelmäßig werden diese korrigiert, und regelmäßig kommt es zu großen Abweichungen zwischen den Prognosen und den Ist-Daten im Bundeshaushalt. Es ist eben nicht nur die zukünftige gesamtwirtschaftliche Entwicklung unbekannt, sondern auch deren genaue Konsequenz für die Steuereinnahmen.

Zunächst ist eine Prognose immer eine Fortschreibung bekannter Entwicklungen. Ihr Ziel ist nicht die perfekte Vorhersage, sondern eine Richtungsaussage, die Schätzungen über die zu erwartenden Abweichungen von ihr beinhaltet. Häufig wird jedoch übersehen, dass allein die Durchführung der Prognose die Realität selbst beeinflusst. Eine Steuerschätzung dient in erster Linie dazu, die Haushaltsplanung vorzubereiten, und ist so die wichtigste Grundlage für damit verbundene politische Entscheidungen. Werden in Folge der Bekanntmachung der Schätzergebnisse Programme finanziert, die sich direkt oder indirekt auf die Steuereinnahmen auswirken, so entsteht eine veränderte Situation. Dies als „Prognosefehler" zu bezeichnen heißt, der Politik und anderen Entscheidern allen Einfluss abzusprechen.

Zusätzlich ist die Entwicklung der Steuereinnahmen stark von äußeren Faktoren abhängig, die der Fiskus nicht unmittelbar beeinflussen kann. Schon die Beschaffung der nötigen Ausgangsdaten über solche Faktoren führt zu ersten Problemen. Beispielsweise sind die Daten, welche die amtliche Steuerstatistik bereitstellt, bereits bei ihrem Erscheinen veraltet. So muss eine ganze Reihe von Basisdaten auf der Grundlage von Konjunkturprognosen und Wachstumsprojektionen ermittelt werden, und in jeder einzelnen Komponente steckt Unsicherheit.

Mit dem zeitlichen Abstand zur Schätzperiode nehmen die Schwierigkeiten der Steuerschätzung zu, weil die Unsicherheit aller zugrundeliegenden Prognosen steigt. Zusätzlich häufen sich die Änderungen im Steuerrecht. Für den mittelfristigen Zeitraum ist die Prognose eher eine Tendenzaussage. Entsprechend sind die Unsicherheiten der November-Prognose für das laufende und das kommende Haushaltsjahr geringer als die der Mai-Prognose, weil bereits ein größerer Teil der realen Entwicklung beobachtet wurde.

Auffällig ist allerdings, dass in den drei Jahren von 2002 bis 2004 die Prognose die Realität um jeweils etwa 7,5 Prozent überschätzte. Hauptursache war die Prognose der Regierung für das Wirtschaftswachstum. An dieser müssen sich die Steuerschätzer orientieren, selbst wenn sie anderer Meinung sind, was die konjunkturelle Entwicklung angeht. Prognostiziert die Regierung zu positiv, so trifft das auch auf die Steuerschätzung zu. Außerdem irren sich die Experten gelegentlich darin, was neue Steuergesetze bewirken. So führte die Neuregelung des Familienlastenausgleichs 1996 zu einer Überschätzung des Steueraufkommens um 13 Prozent.

Einige Evaluationen haben sich damit befasst, ob die Steuerprognose mehr ist als nur ein Blick in die Glaskugel – obwohl sie so oft korrigiert wird. Das ifo-Institut verglich im Jahr 2008 die Qualität der deutschen Steuerschätzungen mit denen verschiedener europäischer Länder sowie der USA, Kanadas und Japans. Es stufte die deutsche Prognosequalität als relativ hoch ein. „Relativ" heißt in erster Linie, dass die anderen noch schlechter schätzen.

Zwei Jahre später berichtete ifo Dresden über eine Treffsicherheitsanalyse, mit der die Ergebnisse des „Arbeitskreises Steuerschätzungen" untersucht wurden. Die Analyse benutzt deskriptive Maße, etwa die relativen Prognosefehler, wie auch regressionsanalytische Verfahren. Dahinter steckt die Idee, dass eine Prognose gut ist, wenn ihre Fehler nicht systematisch verzerrt sind. Andernfalls hätte man womöglich im Prognosemodell wichtige Einflussgrößen übersehen. Prüfen kann man das mit Hilfe der sogenannten Mincer-Zarowitz-Regression. Dabei lautet die Nullhypothese, dass die Prognosefehler nicht vorhersagbar sind. Sie wird in der Analyse nicht abgelehnt, aber die Nicht-Vorhersagbarkeit der Prognosefehler ist damit nicht bewiesen. Es spricht bloß nicht genug dagegen.

Die eben skizzierte Analyse befasste sich mit den Mai-Steuerschätzungen jeweils für das laufende und das folgende Jahr im Zeitraum von 1973 bis 2008. Deren Treffsicherheit schwankte in den verschiedenen Jahren erheblich. Der Arbeitskreis Steuerschätzungen überschätzt das zukünftige Steueraufkommen tendenziell häufiger, als es zu unterschätzen. Vor allem in den Jahren mit großen Steuerrechtsänderungen lässt die Prognosequalität deutlich nach. Für das laufende Jahr gelingt, kaum überraschend, die Vorhersage der Steuereinnahmen wesentlich besser als für das Folgejahr.

Ist diese Überschätzung systematisch oder nur ein Zufallsprodukt? Ein statistischer Test zeigt, dass die Schätzergebnisse den Anforderungen der Unverzerrtheit genügen.

Dieser Test kann zugleich nicht beweisen, dass die Steuerschätzung wirklich unverzerrt ist. Der mittlere relative Prognosefehler von 1,4 Prozent für das jeweilige Folgejahr ist bei einer Stichprobengröße von nur 35 Datenpunkten nicht groß genug, um daraus schließen zu können, dass eine systematische Überschätzung des Steueraufkommens vorliegt.

Würde die Überschätzung im Mittel tatsächlich 1,4 Prozent betragen, was nach wenig klingt, aber grob dreieinhalb bis vier Mrd. Euro pro Jahr entspricht, dann kann man sie in den beobachteten Daten mit etwa 60 Prozent Wahrscheinlichkeit nicht finden. So hoch ist der ß-Fehler des Tests, d. h. die Wahrscheinlichkeit, einen echten Effekt nicht zu entdecken. Das liegt vor allem an den Folgen der Wiedervereinigung, genauer gesagt am 1991 neu eingeführten Solidaritätszuschlag, als die Prognose einmalig um 12 Prozent unter dem tatsächlichen Steueraufkommen lag. Ganz nebenbei ist das ifo-Institut, das die Evaluation durchführte, selbst Mitglied des Arbeitskreises Steuerschätzungen…

Die Prognose des Steueraufkommens ist also mit vielen Unsicherheiten behaftet, und je weiter der Blick in die Zukunft geht, umso schwieriger. Offen bleibt aber die Frage, ob größere Probleme dadurch entstehen, dass die Steuerschätzung zu ungenau ist oder dass die Politik mit den Ergebnissen der Steuerschätzung nicht richtig umgehen kann – etwa wenn die Ergebnisse nahelegen, dass man eigentlich unpopuläre Entscheidungen treffen müsste.

Zum Nachlesen:

Bundesministerium der Finanzen: Ergebnissen des „Arbeitskreises Steuerschätzungen" (Pressemitteilungen) seit 1971. Berlin, 2014.

Bundesministerium der Finanzen: Kassenmäßige Steuereinnahmen nach Gebietskörperschaften 1970 bis 2013. Berlin, 2014.

Büttner, T. und Kauder, B.: Steuerschätzung im internationalen Vergleich. ifo-Schnelldienst 61(14) , S. 29–35, München, 2008.

Lehmann, R.: Die Steuerschätzung in Deutschland – eine Erfolgsgeschichte? ifo Dresden berichtet 17(03), S. 34–37, Dresden, 2010.

2.2 Wann man arbeitslos ist

Regelmäßig werden von verschiedenen Institutionen Arbeitslosenquoten veröffentlicht. Oft sind die Quoten recht unterschiedlich und gar nicht so einfach zu vergleichen. Arbeitslosigkeit ist keine naturwissenschaftliche Größe, sondern eine Definitionssache. Sie hat aber als Indikator für Konjunktur, für soziale Gerechtigkeit usw. enorme politische Bedeutung, und die gefühlte Betroffenheit des Einzelnen ist groß. Auch deswegen werden selbst sinnvolle Anpassungen, die größerer Realitätsnähe dienen, schnell als „Statistik-Tricks" abgetan.

Seit einer Änderung im Mai 2009 werden Arbeitslose, die von externen Trägern wie etwa privaten Vermittlern betreut

werden, nicht mehr gezählt, denn sie sind laut Definition
in einer arbeitsmarktpolitischen Maßnahme. Die Arbeitslo-
senzahl verringerte sich nach der Einführung im Vergleich
zum Vormonat prompt um 127.000. Das Statistische Bundesamt kündigte dabei eine Reduzierung um 189.000 allein durch diese Neudefinition an. Das klingt nach Zah-
lenkosmetik. Dabei ist Deutschland in der Europäischen
Union eher eine Ausnahme, weil die Arbeitslosigkeit nach
nationaler Definition größer ist als nach internationaler. In
vielen Ländern mit scheinbar sehr niedriger Arbeitslosenquote ist es umgekehrt.

Das Problem liegt in der Vielfalt möglicher Definitionen
des Begriffs „arbeitslos" und darin, dass eigentlich nur Experten wissen, was sich jeweils genau dahinter verbirgt und
wie abhängig das Ergebnis von der Berechnungsmethode
ist. So erfasst in Deutschland das Statistische Bundesamt
die Zahl der „Erwerbslosen" nach dem Standard der International Labour Organisation auf der Basis des Mikrozensus. Nach diesen Richtlinien gilt man als erwerbslos, wenn
folgende Punkte zutreffen: Die Person

- ist mindestens 15 Jahre alt und noch nicht im Renten-
  alter,
- ist ohne Arbeit, nicht einmal eine Stunde pro Woche,
- ist innerhalb von maximal zwei Wochen für den Arbeitsmarkt verfügbar und
- hat in den vergangenen vier Wochen Arbeit gesucht.

Die Bundesagentur für Arbeit hingegen ermittelt die Zahl
„registrierter Arbeitsloser" gemäß § 16 SGB III nach na-
tionalem Standard auf Basis von Verwaltungsdaten: Die
Person ist

- ohne Beschäftigung oder höchstens 15 Stunden pro Woche beschäftigt,
- bei der Bundesagentur für Arbeit oder einem Träger der Grundsicherung arbeitslos gemeldet,
- der Arbeitsvermittlung unmittelbar zur Verfügung stehend,
- aktiv auf der Suche nach einer versicherungspflichtigen Beschäftigung von mindestens 15 Stunden pro Woche und
- nicht in einer Maßnahme der aktiven Arbeitsmarktpolitik.

Nur eine Teilmenge dieser Personen ist sowohl arbeits- als auch erwerbslos. Für Juli 2003 bis Juni 2004 ergab eine Berechnung, dass von 4,4 Mio. Arbeitslosen 2,5 Mio. erwerbs- und arbeitslos waren, 1,9 Mio. „nur" arbeitslos und weitere 1,3 Mio. „nur" erwerbslos.

Neben diesen Abweichungen im Zähler der Quote gibt es auch Differenzen im Nenner, d. h. in der Bezugsmenge. Das Statistische Bundesamt bezieht die Arbeitslosen auf die Zahl aller Erwerbspersonen, wie sie die International Labour Organisation definiert, während für die Bundesagentur für Arbeit nur zivile Erwerbspersonen, keine Soldaten, relevant sind. Vor 2009 gab es sogar zwei Arbeitslosenquoten mit unterschiedlichen Nennern. Eine enthielt Selbstständige und mithelfende Familienangehörige, die zusammen immerhin ein Neuntel aller Erwerbstätigen ausmachten, die andere nicht.

Die Definitionen und Methoden sind keineswegs konstant. So arbeitete das Statistische Bundesamt vor 2005 mit Korrekturen an der Arbeitslosenstatistik, und erst seit Mitte

2007 werden monatliche Werte auf der Basis von Teilstichproben erhoben. Bei der Bundesagentur für Arbeit sind seit Hartz III im Jahr 2004 die Teilnehmer an Maßnahmen der aktiven Arbeitsmarktpolitik nicht mehr arbeitslos, wobei kaum zu überblicken ist, wer genau wann als arbeitslos gezählt wurde und wer nicht.

Der Grund für die unterschiedlichen Berechnungen der Behörden liegt in ihren unterschiedlichen Zielen. Das Statistische Bundesamt versucht, international vergleichbare Zahlen zu ermitteln. Man interessiert sich für die Anzahl der Personen, die nicht zur volkswirtschaftlichen Wertschöpfung beitragen und kein Einkommen erzielen, obwohl sie das könnten. Die Bundesagentur für Arbeit hingegen zählt Personen, die die gesetzlichen Rahmenbedingungen für den Anspruch auf Sozialleistungen erfüllen und die aktiv Hilfe bei der Suche nach Arbeit benötigen.

Diese Personen müssen aber erst gefunden werden. Zum Beispiel ergab eine telefonische Befragung im Auftrag der Bundesagentur für Arbeit im Jahr 2000, dass rund 40 Prozent der befragten Arbeitslosen gar nicht auf Arbeitssuche waren. Eine Einschätzung des Statistischen Bundesamts im Jahr 2002 ging von rund 20 Prozent zu hohen Werten für die Arbeitslosigkeit aus.

Viele Korrekturen an der Arbeitslosendefinition sind deshalb nicht vom Wunsch getrieben, die Statistik zu schönen (obwohl ein solcher Nebeneffekt vielleicht hilft, die Änderung politisch durchzusetzen), sondern aktiv Arbeitssuchende besser zu erfassen. So senken beileibe nicht alle Änderungen die Zahlen.

Seit Anfang 2008 werden Personen über 58 Jahre, die arbeitslos werden, wieder als Arbeitslose gezählt. Zuvor bestand die Möglichkeit, Leistungen zu beziehen und dennoch nicht offiziell als arbeitslos zu gelten. Dies betraf laut der Antwort auf eine Kleine Anfrage der FDP im Bundestag rund 225.000 Personen. Mit Hartz IV fallen Sozialhilfeempfänger aus der sogenannten „Stillen Reserve" heraus und müssen sich arbeitslos melden; dies betraf bei Einführung geschätzt 480.000 Personen. Solche Änderungen bewirken eine Umschichtung von verdeckter in offene Arbeitslosigkeit.

Verdeckte Arbeitslosigkeit meint solche Formen, die durch obige Definitionen nicht erfasst werden, z. B. subventioniert Beschäftigte, krankgeschriebene Arbeitslose oder Teilnehmer an arbeitsmarktpolitischen Maßnahmen. Daneben gibt es noch die „stille Reserve" der potenziell zusätzlichen Erwerbstätigen: Jugendliche ohne Ausbildungsplatz, Frauen, die nach der Babypause wieder arbeiten wollen, ohne sich arbeitslos gemeldet zu haben, sowie Arbeitslose in Weiterbildung. Diese wurden für 2008 auf ca. 1,15 Mio. geschätzt.

Andererseits findet eine Auswertung des großangelegten Sozio-oekonomischen Panels, dass immer noch 37 Prozent der Arbeitslosen in den letzten vier Wochen nicht aktiv gesucht hatten und zehn Prozent dem Arbeitsmarkt nicht mehr zur Verfügung standen. Dieses Panel ist die größte Längsschnittstudie in Deutschland. Es wird seit 1984 jährlich erhoben und erfragt objektive Lebensbedingungen wie das monatliche Haushaltsnettoeinkommen sowie die subjektiv wahrgenommene Lebensqualität. In Befragungen meist verschwiegen wird die Schwarzarbeit, die durch die Rockwool-Stiftung in Kopenhagen auf immerhin ca. vier Prozent des Bruttoinlandsprodukts geschätzt wird.

Man kann nicht einmal klar angeben, ob die Arbeitslo-
sen-Statistiken die wahre Arbeitslosigkeit über- oder unterschätzen. Außerdem hängt die Antwort entscheidend von
der Frage ab: Wer kann zur Wertschöpfung beitragen? Das
ist eine ökonomisch-volkswirtschaftliche Frage und führt
zur einer möglichen Definition von Arbeitslosigkeit. Wer
kann von seiner Arbeit leben? Wer so fragt, denkt gesell-
schaftlich-sozial und kommt auf eine andere Definition.

Selbst die internationalen, „harmonisierten" Daten sind
nicht problemlos vergleichbar. Denn die Daten basieren auf
Haushalts-Befragungen, also Selbsteinschätzungen. Ist Er-
werbsunfähigkeit in einem Land sozial anerkannt und führt
zu finanziellen Ersatzleistungen, dann wird unter Umständen „erwerbslos" durch „erwerbsunfähig" substituiert. Dies
führt zu einem systematisch zu kleinen Zähler, die Erwerbs-
losenquote wird unterschätzt.

So beziehen in Großbritannien sieben Prozent der Personen im erwerbsfähigen Alter Invaliditätsrenten, in den Niederlanden acht Prozent und in Deutschland nur drei Prozent. Hierzulande gilt als erwerbsfähig, wer mindestens drei
Stunden pro Tag arbeiten kann. Nach einer Schätzung des
Instituts für Arbeitsmarkt- und Berufsforschung würde sich
die Arbeitslosenquote der Niederlande mindestens verdop-
peln, wenn diese Definition angewandt würde, und über 50
Prozent der krankgeschriebenen oder invaliden Schweden
wären arbeitslos. Ebenso fehlt eine einheitliche Regelung
für die Erfassung von nebenbei arbeitenden Studenten oder
Hausfrauen. Rechnet man diese zu den Erwerbspersonen,
so vergrößert das den Zähler relativ stärker als den Nenner
und führt zu niedrigeren Quoten.

Jede dieser Sichtweisen ist vertretbar. Am wichtigsten ist es deshalb, beim Vergleich von Arbeitslosenquoten den Überblick zu behalten, mit welcher Definition gearbeitet wird.

Zum Nachlesen:

Hartmann, M. und Riede, M.: Erwerbslosigkeit nach dem Labour-Force-Konzept – Arbeitslosigkeit nach dem Sozialgesetzbuch: Gemeinsamkeiten und Unterschiede. Wirtschaft und Statistik 4, S. 303–310, Wiesbaden, 2005.

Hartmann, M.: Umfassende Arbeitsmarktstatistik: Arbeitslosigkeit und Unterbeschäftigung. Methodenbericht der Statistik der Bundesagentur für Arbeit, Nürnberg, 2009.

Konle-Seidl, R.: Notwendige Anpassung oder unzulässige Tricks? IAB-Kurzbericht 4, Nürnberg, 2009.

Olschewski, M.: Die Messung von Arbeitslosigkeit im internationalen Vergleich. Arbeitsökonomisches Seminar der Freien Universität Berlin, Sommersemester 2003.

2.3 Wie 17-Jährige wählen

In Bremen durften am 22. Mai 2011 erstmals in Deutschland 16- und 17-Jährige an einer Landtagswahl teilnehmen. Unter den rund 500.000 Wahlberechtigten waren insgesamt 10.000 solcher Jungwähler zur Teilnahme an der Bürgerschaftswahl aufgerufen. Eine gute Idee auch für den Bund, sagten Politiker von SPD, FDP und den Grünen. Trotz dieses Novums in der Wahlpolitik war die Wahlbeteiligung in Bremen noch nie so niedrig. Mit 55,5 Prozent lag sie laut einer Mitteilung des Landeswahlamts Bremen am Ende deutlich unter den 57,6 Prozent von 2007. Im Jahr 2015 ging nur noch jeder zweite Wahlberechtigte zur Wahl – für ein westdeutsches Bundesland ein neuer Negativrekord.

Für Gegner der Herabsetzung des Wahlalters war damals klar, dass die Wahlbeteiligung nicht zunimmt, wenn einer Gruppe mit unterdurchschnittlicher Wahlneigung das Wahlrecht gegeben wird. Generell steigt die Wahlbeteiligung bis zur Altersgruppe der 60-Jährigen kontinuierlich deutlich an. Sie ist zwar bei Erstwählern etwas höher als in der nächsten Altersgruppe, aber niedriger als bei älteren Menschen. Wer will, dass 16-Jährige wählen dürfen, muss also davon ausgehen, dass die prozentuale Wahlbeteiligung eher sinkt als steigt, da der Nenner, die Anzahl der Wahlberechtigten, anteilig stärker wächst als der Zähler, die Anzahl der Wähler.

In den vergangenen Jahren hatten junge Leute tatsächlich seltener vom Wahlrecht Gebrauch gemacht. Bei der Bundestagswahl 2005 lag die Wahlbeteiligung bei den 18- bis 24-Jährigen mit rund 70 Prozent um fast acht Punkte unter dem allgemeinen Durchschnitt. Bei der Bundestagswahl im September 2009 ging dieser Wert noch einmal um fast drei Prozentpunkte zusätzlich zurück. Nach amtlicher Auskunft beteiligten sich gerade einmal 39,8 Prozent der jungen Erstwähler an der Landtagswahl in Bremen. Eine Zahl, die nach dramatisch wenig klingt.

Aber wie groß kann der Effekt sein? Die gesamte Wahlbeteiligung (WB) ist ein gewichtetes Mittel aus der Wahlbeteiligung der Unter-18-Jährigen (U18) und der aller anderen Wahlberechtigten (Ü18). Man kann sie deshalb in zwei Teile zerlegen:

$$WB(alle) = WB(U18) * \frac{U18}{alle} + WB(Ü18) * \frac{Ü18}{alle}$$

Die Daten für eine entsprechende Abschätzung liefert das Statistische Landesamt Bremen. Bis auf die Wahlbeteiligung der Erwachsenen sind alle einzelnen Komponenten bekannt und man kann die Gleichung sofort auflösen, mit dem in Tab. 2.1 dargestellten Ergebnis.

Die 16- und 17-Jährigen machen etwa 2,1 Prozent der wahlberechtigten Bevölkerung in Bremen aus. Das bedeu-

Tab. 2.1 Abschätzung der Wahlbeteiligung, Bremen-Wahl 2011 (WB = Wahlbeteiligung)

Beteiligung 2011*		55,50 %
Beteiligung 2007*		57,60 %
Beteiligung 16/17		40 %
Deutsche 16–17	10.591	2,1 %
Deutsche ab 18	491.500	97,9 %
Wahlberechtigte*	494.167	
Wahlbeteiligung ab 18		55,84 %
Geringe WB 16/17 erklärt von 100 % des Gesamtrückgangs		*16 %*
Alle Wähler*	274123	
Wähler ab 18 bei Annahme alter WB	278636	
Wähler ab 18 bei Annahme neuer WB	270132	
Verlust bei > 18-Jährigen	8504	
Gewinn bei 16/17-Jährigen	4149	

*Datenquelle: Statistisches Landesamt Bremen

tet, selbst wenn nur knapp 40 Prozent von ihnen zur Wahl gegangen sind, kann der Rest nur eine Wahlbeteiligung von höchstens 0,34 Prozentpunkten mehr gehabt haben (55,84 % – 55,50 %). Der Einfluss ist also da, aber er erklärt nur etwa ein Sechstel (16 %) des Rückgangs der Wahlbeteiligung. Andererseits war dadurch, dass die Jugendlichen mitwählen durften, der absolute Rückgang an Wählern nur etwas mehr als halb so hoch, wie er ohne die Jugendlichen gewesen wäre: 8.504 Wahlberechtigte ab 18 sind „verloren" gegangen; dafür haben sich 4.149 Jugendliche beteiligt.

Daraus sollte man nicht voreilig schließen, dass Jugendliche politikverdrossen seien. Die Shell-Jugendstudie 2010 ermittelte zwar, dass das „politische Interesse bei Jugendlichen weiterhin deutlich unter dem Niveau der 1970er und 1980er Jahre liegt". Aber bei den 12- bis 14-Jährigen habe sich das Interesse in den letzten acht Jahren nahezu verdoppelt, bei den 15- bis 17-Jährigen stieg es immerhin um fast die Hälfte.

Wenn man Jugendliche fragt, ob sie wählen wollen, stellt man fest, dass sie sich selbst oft kein gutes Urteil zutrauen. In einer Umfrage der Berliner Zeitung lehnten 63 Prozent der befragten Jugendlichen das Wahlrecht für sich ab. In Berlin lehnte zudem das Abgeordnetenhaus erst kurz vor der Bremen-Wahl den Grünen-Antrag zur Senkung des Wahlalters bei Landtagswahlen auf 16 Jahre ab. Das kommunale Wahlrecht besitzen Jugendliche dort allerdings bereits seit 2005.

Zur allgemeinen Einstellung hinsichtlich einer Senkung des Wahlalters existiert eine Forsa-Umfrage von 2010, die auch im Auftrag der „Berliner Zeitung" durchgeführt wurde. Demnach waren die Berliner mehrheitlich gegen eine

Senkung des Wahlalters von 18 auf 16 Jahre, zwei Drittel fanden diesen Schritt „nicht richtig". Am größten war die Ablehnung in der Altersgruppe der über 60-Jährigen. Nur jeder Fünfte der Älteren wollte das Wahlrecht zu Gunsten der Jugendlichen ändern, bei den 14- bis 29-Jährigen war es mehr als jeder Dritte.

Dabei braucht man wirklich keine Angst zu haben, dass es dadurch zu fundamentalen Änderungen kommt. Jugendliche machen nur einen kleinen, weiterhin sinkenden Teil der Wahlberechtigten aus, und sie wählen seltener. Eine Regierung können sie sicher nicht zum Kippen bringen. Das geht statistisch gesehen gar nicht. Die Bremer Zahlen mögen dabei helfen, den geringen Einfluss zu verdeutlichen. Selbst wenn alle Jugendlichen gewählt hätten, wäre die Wahlbeteiligung insgesamt nicht gestiegen, sondern noch um 1,1 Prozentpunkte niedriger gewesen als 2007.

Zum Nachlesen:

Albert, M. et al.: Jugend 2010. Eine pragmatische Generation behauptet sich. 16. Shell Jugendstudie, Frankfurt a. M., 2010.

Bommarius, C.: Zu jung zum Wählen? Berliner Zeitung, 21.05.2011.

Statistisches Landesamt Bremen: Statistisches Jahrbuch 2011. Bremen, 2012.

Statistisches Landesamt Bremen: Statistisches Jahrbuch 2014. Bremen, 2015.

2.4 Wie man Wahlen fälscht

„You can't fool Gauß". Systematische Abweichungen der Wahlergebnisse von der Normalverteilung sollen belegen, dass die Dezember-Wahlen des Jahres 2011 in Russland gefälscht waren. Bis zu 16 Prozent der Stimmen habe die Regierungspartei „Einiges Russland" zu Unrecht erhalten.

Das erste Argument der Wahlkritiker fußt auf der beispielhaften Analyse von vier Wahlen: Mexiko im Jahr 2009, Polen im Jahr 2010, Bulgarien im Jahr 2009 und Schweden im Jahr 2010. Deren prozentuale Wahlbeteiligung in einzelnen Wahllokalen ähnelt einer Normalverteilung; andere Autoren führen zusätzlich Wahlen in Kanada und der Ukraine an. Zählt man jedoch die Häufigkeit von russischen Wahllokalen mit jeweils etwa gleicher Wahlbeteiligung aus, so erinnert nur der untere Bereich von 0 bis 55 Prozent an die Kurve der Normalverteilung. Im oberen Bereich ist die Häufigkeitsverteilung stark verzerrt.

Das Phänomen nennen Kritiker „Churovs Bart" nach Vladimir Churov, dem Leiter der zentralen Wahlkommission in Russland. Auch die Verteilungen der russischen Wahlbeteiligung in den Jahren 2003, 2004, 2007 und 2008 zeigen ein ähnliches Muster, mit auffälligen „Spitzen" in Abständen von jeweils fünf Prozentpunkten. Das bedeutet, die Häufigkeit von Wahllokalen mit einer Wahlbeteiligung von genau 70 Prozent, 75 Prozent, 80 Prozent etc. ist auffallend hoch.

Einige Internet-Blogger untersuchten, in wie vielen Wahllokalen welcher Anteil für welche Partei erzielt wurde, und stießen in den Daten auf Merkwürdigkeiten. Für alle Parteien ist eine tendenziell symmetrische und „unimodale"

Verteilung zu erkennen. Das heißt, die meisten Wahllokale liegen in der Nähe der mittleren Zustimmung, während höhere und niedrigere Ergebnisse seltener vorkommen. Nur die Verteilung der Stimmenanteile für die Partei Einiges Russland besitzt offensichtlich zwei Gipfel. Einer liegt bei 35 Prozent, der andere bei 55 Prozent. Ein hoher Anteil der Wahllokale weist Stimmenanteile zwischen 60 und 100 Prozent für Einiges Russland auf. Das ist in ganz Russland erkennbar und besonders deutlich in Moskau. Zudem korrelieren die Wahlbeteiligung und der Stimmenanteil von Einiges Russland positiv. Dann müssten Wahlverweigerer unter den Anhängern aller anderen Parteien erheblich stärker vertreten sein, was Kritiker bezweifeln.

Statistiker kennen den so genannten „zentralen Grenzwertsatz". Dieser besagt, dass unter gewissen Voraussetzungen die Verteilung einer Summe vieler unabhängig identisch verteilter zufälliger Ereignisse gegen eine Normalverteilung strebt, die berühmte Gauß'schen Glockenkurve. Unabhängig identisch verteilt sind Ereignisse, wenn es zwischen ihnen keinerlei gegenseitige Beeinflussung gibt. Das gilt typischerweise für Münz- oder Würfelwürfe oder für die Lottozahlen unterschiedlicher Ziehungen. Es spielt keine Rolle, wie Münze, Würfel oder Kugeln zuletzt gefallen sind: neues Spiel, neues Glück.

Es ist aber bei weitem nicht sicher, dass Stimmenanteile oder eine Wahlbeteiligung unabhängig identisch verteilt sind und man folglich auch von einer Annäherung ihrer Verteilung an die Normalverteilung ausgehen kann. Russland ist ein in sozioökonomischer und kultureller Hinsicht sehr heterogenes Land. Die Annahme, dass Wahlbeteiligung und Stimmenverteilung in den einzelnen Wahllokalen jeweils identisch sind und höchstens zufällig variieren, scheint nicht gerade plausibel.

In Russland sah die Stimmenverteilung für drei Parteien nach einer Normalverteilung aus. Für eine Partei war sie offensichtlich nach unten verzerrt, für Einiges Russland nach oben. „Aussah" heißt längst nicht, dass die Stimmenanteile für die anderen Parteien wirklich einer Normalverteilung folgten, denn getestet hat das niemand. Die Statistik bietet Werkzeuge, die prüfen können, ob beobachtete Daten einer theoretischen Verteilung folgen. Die Kritiker der russischen Wahl verließen sich nur auf den Augenschein. Das muss nicht falsch sein, aber das Argument ist nicht ganz wasserdicht.

Die Schätzung, dass 16 Prozent aller Stimmen und somit ein Drittel der Stimmen für Einiges Russland auf Manipulation zurückzuführen seien, beruht auf einem technischen Trick und einer nicht-statistischen Annahme über Nichtwähler. Die Annahme lautet, dass sich Wahlverweigerer völlig gleichmäßig über die Anhänger der verschiedenen Parteien verteilen. Damit gebe es keinen Grund für die Korrelation zwischen Wahlbeteiligung und Stimmenanteilen, und sie könne nur ein Resultat von Wahlfälschung sein. Um die manipulierten Daten durch die „richtigen" zu ersetzen, wird das Verhältnis von Stimmenanteil und Wahlbeteiligung aus der augenscheinlich „normalverteilten" Hälfte der Wahllokale auf die anderen Lokale übertragen. Diese Korrektur führt zu dem Schluss, dass mehr als die Hälfte aller Stimmen in den Lokalen mit einer Wahlbeteiligung von 70 Prozent und mehr gefälscht seien.

So adjustiert fällt der „korrekte" Stimmenanteil für Einiges Russland von den offiziellen 49,3 Prozent um fast ein

Drittel auf 33,7 Prozent. Die Differenz ergibt 15,8 Millionen „falsche" Wählerstimmen. Man muss sich unbedingt klarmachen, dass die Adjustierung nicht zwangsläufig aus den Daten folgt. Hinter dem Ergebnis stecken vielmehr menschliche Vermutungen darüber, wie die Welt funktioniert. Vielleicht sind diese Vermutungen richtig, vielleicht auch nicht. Jedenfalls besitzt am Ende das „korrigierte" Ergebnis ein großes Manko. Die Wahlprognosen und Wahlbefragungen hatten für Einiges Russland Stimmenanteile zwischen 43 und 50 Prozent vorhergesagt. Das offizielle Ergebnis passt dazu deutlich besser als das „richtige".

So wie sich in anderen Ländern Beispiele für normalverteilte Stimmenanteile und Wahlbeteiligungen finden lassen, gibt es auch eine ganze Reihe von Gegenbeispielen. Bei den Wahlen in Großbritannien im Jahr 2010 zeigte sich für drei große Parteien gerade keine Normalverteilung der Stimmenanteile. Auch die deutsche Bundestagswahl 2002 besitzt einen „Bart" nach rechts. Ebenso erkennt man Spitzen an den 5-Prozent-Intervallen, so dass die Glocke alles andere als glatt wirkt. Bei den israelischen Wahlen 2009 hatte jede Partei eine andere Verteilung der Stimmenanteile, aber keine davon war eine Normalverteilung. Die Grafik ähnelt frappierend der Grafik für die russischen Parteien. Im Gegensatz zu den Stimmenanteilen ist die Verteilung der Wahlbeteiligung in Israel recht eindeutig eine Normalverteilung. Ausreißer à la Russland bei 100 Prozent entdeckt man dort in viel geringerem Maße.

Alle diese Wahlen wiesen Korrelationen zwischen Stimmenanteil und Wahlbeteiligung auf. In Großbritannien war der Zusammenhang zwischen Wahlbeteiligung und Stimmenanteil für Konservative stärker als in Russland für

Einiges Russland, und zwar in allen britischen Regionen. In Deutschland korrelierten Wahlbeteiligung und Stimmenanteile für die CDU/CSU positiv, für die SPD negativ. Vergleichbare Korrelationen traten in Israel auf. Anders als die Kritiker der Russland-Wahl argumentierten, ist ein solcher Zusammenhang durchaus plausibel. Nach fast jeder Wahl wird die Mobilisierung der jeweiligen Anhänger als Erfolgsfaktor für den Wahlsieger ausgemacht. Wer für eine Minderheitspartei stimmt, glaubt, dass es auf seine Stimme ankommt. Wähler der Mehrheitspartei denken, dass diese auch ohne ihre Unterstützung siegt. Dass Wahlbeteiligung und Stimmenanteile einzelner Parteien zusammenhängen, weiß man in Deutschland schon lange und korrigiert entsprechend die Wahlprognosen.

Die Spitzen schließlich, die bei den Ergebnissen von Einiges Russland auftraten, kann man zahlentheoretisch herleiten und durch Simulation von unmanipulierten Wahlergebnissen nachbilden. Mit feinerer Auflösung lassen sich die Spitzen empirisch auch bei anderen Parteien zeigen.

Es lässt sich belegen, dass Parteien mit hoher Zustimmung zwangsläufig eine breitere Streuung der Stimmenanteile aufweisen als solche mit wenigen Wählern. Wenn dieser „Skaleneffekt" berücksichtigt wird, verlaufen die Häufigkeitskurven für alle russischen Parteien sogar recht ähnlich. Dass die Auffälligkeiten bei einer Trennung nach städtischen und ländlichen Bezirken fast vollständig verschwinden, gibt sogar Churow zu. „Fast vollständig" heißt, dass noch etwa fünf Prozent der Stimmen durch Manipulation zu Stande gekommen sein könnten, wenn das Argument, es bestehe kein Zusammenhang zwischen Wahlbeteiligung und Stimmenanteilen, überhaupt richtig wäre.

Der vermeintlich statistische „Beweis" beruht somit auf drei Annahmen. Erstens, dass die Wahlbeteiligung über die Wahllokale hinweg normalverteilt ist. Zweitens, dass die Wählerstimmen für Parteien normalverteilt sind und insbesondere einer glatten Kurve ohne Spitzen folgen. Drittens, dass die Wahlbeteiligung und die Stimmenanteile keinen Zusammenhang haben.

Solche Annahmen sind subjektiv und ergeben sich nicht zwingend aus den vermeintlich objektiven Daten. Es gibt gute empirische und theoretische Argumente, die derartige Annahmen widerlegen und die Auffälligkeiten in Teilen erklären können. Zudem begehen beide Seiten, die Kritiker und die Verteidiger der Russland-Wahl, einen groben Fehler. Sie wählen für den Vergleich einzelne Länder und Wahljahre aus, die ihre jeweilige These stützen, und betrachten diese anekdotische Auswahl als repräsentativ, obwohl sie willkürlich ist. Damit ist nichts bewiesen und nichts widerlegt. Selbst wenn Wahlleiter Churov zugesteht, dass es bei der Wahl womöglich nicht ganz einwandfrei zugegangen sei, lässt sich ein Drittel gefälschter Stimmen für Einiges Russland statistisch nicht beweisen.

Zum Nachlesen:

Klimek, P. et al.: It's not the voting that's democracy, it's the counting: Statistical detection of systematic election irregularities. In: Proceedings of the National Academy of Sciences USA 109, S. 16469–16473, Washington, 2012.

Ulmer, F.: Wahlprognosen und Meinungsumfragen und der Ablasshandel mit den Prozentzahlen. Kapitel X: Die Gewichtung. Internationale Beiträge zur Markt-, Meinungs-

und Zukunftsforschung 46, S. 88–113, Demokrit-Verlag, Tübingen, 1989.

Nikolenko, A.: Russian legislative elections 2011 – statistical evidence of vote fraud. antonnikolenko.blogspot.com, 10.12.2012.

N. N.: Russian elections: 2011 vs 2012. bbzippo.wordpress.com, 01.01.–22.04.2012.

N. N.: Gauss! How Russians protest against electoral fraud. etopia.sintlucas.be, 18.12.2014.

2.5 Wie man Korruption misst

Transparency International ermittelt seit 1995 jährlich einen „Korruptionswahrnehmungsindex" CPI, dessen Berechnungsmethode im Jahr 2012 verändert wurde. Für 175 Länder wird ein Wert auf einer Skala von 0 bis 100 bestimmt, wobei höhere Werte besser sind. Das Ergebnis ist ein Mittelwert aus Einzelskalen, die aus 13 Expertenbefragungen zur Wahrnehmung der Korruption entstammen. Das Vorgehen stützt sich auf die Annahme, dass alle diese Befragungen das Konstrukt „wahrgenommene Korruption" messen und mit einem nur zufälligen Messfehler behaftet sind. Ein aggregierter Index soll diesen Messfehler verringern und deshalb reliabler sein als seine einzelnen Komponenten.

Die Experteneinschätzungen entstammen dabei unterschiedlichen Fragebögen, die unterschiedliche Fragen mit unterschiedlichen Skalierungen beinhalten. Zunächst werden die eingehenden Einzelindizes auf eine einheitliche

Skala transformiert. Mathematisch ist das kein Problem, und es ist grundsätzlich zulässig, sofern die Experten für ihre Bewertung einheitliche Standards bzw. Vergleichsmaßstäbe zugrunde legen.

Aber stuft ein Gremium, das nur afrikanische Länder bewertet, diese im Mittel besser ein als ein Gremium, das zugleich nordeuropäische Länder bewertet? Das wäre denkbar, wenn die Experten ihre Maßstäbe so ausrichten würden, dass ein durchschnittlich korruptes Land aus ihrer Bewertungsstichprobe etwa in der Skalenmitte liegt, während das jeweils am wenigsten oder am meisten korrupte Land an den Extremwerten der Skala eingestuft wird. Ein statistisches Gutachten, das Transparency International im Jahr 2012 in Auftrag gegeben hat, kritisiert genau diesen Punkt in der alten Version des Index und erklärt, wie mit dem Methodenwechsel eine entsprechende Korrektur vorgenommen wird.

In den Index fließen Fragen zu Koordinationsmechanismen, Verwaltungsstrukturen, Regeln zur Einstellung und Beförderung im öffentlichen Dienst, zum Ausmaß der Bestrafung von Amtsmissbrauch und zur Fähigkeit der Regierung zur Unterbindung von Korruption ein, wobei für unterschiedliche Länder jeweils unterschiedliche Teilmengen der Antworten vorliegen.

Obwohl die Fragen offensichtlich keine identischen Aspekte thematisieren, muss das nicht bedeuten, dass Äpfel mit Birnen verglichen werden, denn Korruption mag sich durchaus mehr oder weniger gleichmäßig auf alle jene Aspekte auswirken. Deshalb prüft man, ob die Daten der einzelnen Befragungen positiv korrelieren, ob gute Bewertungen in einem Aspekt also oft mit guten Noten in den anderen einhergehen. Je höher die Korrelation ist, umso stichhaltiger ist das Argument, dass alle Befragungen gleichwertige Messungen der wahrgenommenen Korruption darstellen.

Insbesondere für die umfangreichen Befragungen, die nahezu alle Länder umfassen, liegt eine hohe Korrelation mit den anderen Indizes vor. Dies gilt jedoch nicht für die „African Development Bank Governance Ratings", die 53 Länder umfassen, oder das „World Bank – Country Performance and Institutional Assessment" mit 67 bewerteten Ländern. Für die Länder im afrikanischen Index liegen teils nur wenige Daten vor. Wenn also, was die Statistik vermuten lässt, der Index der African Development Bank womöglich etwas anderes misst als diejenigen aus anderen Expertenbefragungen und wenn zugleich für einzelne Länder vorwiegend Daten aus dem erstgenannten Index vorliegen, dann ist die Einordnung der davon betroffenen Länder im Gesamtranking mit Vorsicht zu genießen. Das statistische Gutachten gibt selbst zu bedenken, dass die Bewertung von Ländern, für die nur drei Datenquellen vorliegen, zu ungenau sein könnte.

Das führt zur Frage, wie viel Zufall in einer solchen Positionierung enthalten ist. Deutschland teilt sich mit 79 Punkten derzeit Rang 12 mit Island und liegt in der Punktewertung einen Punkt hinter Australien und einen vor Großbritannien. Transparency International stellt zusätzlich zur Rangliste auch eine Datei zur Verfügung, in der die Standardfehler und die Konfidenzintervalle dokumentiert sind. Ein Kommentar in den Spaltenüberschriften erläutert, dass der Standardfehler ein Maß für die Übereinstimmung der Bewertungen in den verwendeten Quellen darstellt, und dass es sich um das 90-Prozent-Konfidenzintervall handelt. Mit 90 Prozent Konfidenz liegt der wahre Punktwert Deutschlands im Jahr 2014 also zwischen 75 und 83 Punkten, was einem Rangplatz zwischen Rang 8 und Rang 16 entsprechen würde.

Im Jahr 2010 erzielte Deutschland mit 7,9 Punkten auf einer Skala von damals 0 bis 10 umgerechnet denselben Punktwert wie aktuell, erreichte damit allerdings gemeinsam mit Österreich nur Rang 15. Das damalige Konfidenzintervall reichte von Rang 8 bis Rang 22. Statistisch ist damit nicht belegbar, dass Deutschland signifikant als weniger korrupt wahrgenommen wird.

Hinterfragt man die Berechnung noch kritischer, so zeigen sich zwei weitere methodische Fehler, aufgrund derer anzunehmen ist, dass in Wahrheit erheblich größere Unsicherheiten vorliegen. Erstens liegt der Berechnung der Konfidenzintervalle die Annahme zugrunde, dass die Teilindizes normalverteilt und die Standardfehler bekannt sind. Die Normalverteilung ist zumindest fragwürdig, und die Standardfehler sind (wie im statistischen Gutachten erläutert) aus den Daten geschätzt. Korrekt wäre dann, mit der t-Verteilung zu rechnen, und die resultierenden Konfidenzintervalle werden breiter. Für Deutschland bedeutet dies Punktwerte zwischen 73 und 85 Punkten, die Rangplätzen zwischen 6 und Rang 20 entsprechen.

Abbildung 2.1 zeigt die Unsicherheit in den Rangplätzen, oben mit der von Transparency International verwendeten Normalverteilung und unten mit der t-Verteilung, die einen größeren Teil der Unsicherheit berücksichtigt. Die Werte ergeben sich, indem zufällig Rangplätze aus den jeweiligen Verteilungen simuliert werden.

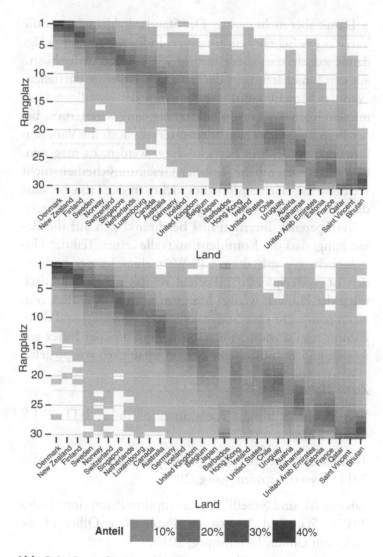

Abb. 2.1 Rangplätze und simulierte Konfidenzintervalle

Damit aber nicht genug. Der Standardfehler gibt nur die Variation zwischen den einzelnen Indizes an, unterschlägt damit jedoch, dass diese Indizes selbst wieder Mittelwerte aus den Einschätzungen der einzelnen Experten darstellen. Wenn sich nicht sämtliche Experten der jeweiligen Gremien in ihren Antworten vollständig einig waren, muss bei der Berechnung des Konfidenzintervalls auch die Variation innerhalb der Indizes berücksichtigt werden. Es mag sein, dass dieser wesentliche Teil der Gesamtunsicherheit nicht verfügbar ist, doch ändert dies nichts an der Tatsache, dass die Genauigkeit des Rankings geringer ist als dargestellt.

Transparency International beschränkt sich auf die Bemerkung, dass die Konfidenzintervalle „einen Teil der Unsicherheit, die mit dem CPI-Wert eines Landes verbunden ist, widerspiegeln". Formal ist das richtig, praktisch nützt der Hinweis wenig. Man versteht ihn eigentlich nur, wenn man recht tiefe Statistikkenntnisse besitzt, und dann kommt man sowieso von selbst darauf, dass der Index wie so viele andere Indizes eine Scheingenauigkeit vorspiegelt.

Zum Nachlesen:

Bertelsmann-Stiftung: Transformationsindex BTI 2014. www.bti-project.org, 2015.

Transparency International: Corruption Perceptions Index 2014. www.transparency.org, 2015.

Saisana, M. und Saltelli, A.: Corruption Perceptions Index 2012 – Statistical Assessment. Publications Office of the European Union, Luxemburg, 2012.

2.6 Wie man ein gutes Land wird

Wohlstand und Gleichheit oder wenigstens Gerechtigkeit werden häufig als Indikatoren dafür herangezogen, wie gut es sich in einem Land leben lässt. Damit ein Land zu den „Guten" zählt, reicht das aber noch nicht. Diese Fallstudie beschäftigt sich mit der Frage, was von einem umfassenderen „Good Country Index" zu halten ist, und taucht damit weiter ein in die Untiefen der Indexberechnung.

Der „Good Country Index", der vom Politikberater Simon Anholt entwickelt und im Jahr 2014 veröffentlicht wurde, bewertet 125 Länder danach, wie viel ein jeweiliges Land mit seiner Politik und seinem Verhalten für den Planeten und die Menschheit leistet. Auf der Webseite des Index veröffentlichen seine Entwickler die Liste der Indikatoren und eine Erläuterung ihrer Berechnungsmethodik.

In den Index fließen 35 verschiedene Ländervergleiche und Indikatoren ein, die größtenteils von den Vereinten Nationen und von Nichtregierungsorganisationen stammen. Jeweils fünf thematisch verwandte Indikatoren werden zu einer Skala zusammengefasst. Dazu werden sie zunächst auf den Wertebereich 0 bis 1 skaliert und dann gemittelt. Danach wird der Wert für jedes Land durch dessen Bruttoinlandsprodukt geteilt, um die Vorstellung abzubilden, dass sich reiche Länder mehr „Gut-Sein" leisten können als arme. Das Ergebnis wird schließlich auf einer Skala von 0 bis 100 abgebildet. An sich ist die Idee des Standardisierens nachvollziehbar, aber sie arbeitet mit absoluten anstatt relativen Unterschieden in der Wirtschaftskraft. So zählt eben der Abstand von 1.000 € zu 2.000 € genauso stark wie derjenige von 1.000.000 € zu 1.001.000 €, obwohl einmal eine Verdoppelung vorliegt und einmal ein Unterschied von einem Promille.

Die Indexbildung täuscht eine Genauigkeit vor, die es nicht gibt und nicht geben kann. Sie setzt voraus, dass es sich bei den Indikatoren um reliable Messungen „guter" Politik und „guten" Verhaltens handelt. Beides lässt sich nicht direkt erfassen, aber man darf annehmen, dass es sich in messbaren Ergebnissen wie beispielsweise den CO_2-Emissionen oder dem Export von Kriegswaffen niederschlägt. Diesen Indikatoren liegt dann ein unbeobachtbarer gemeinsamer Faktor, die „Good-Country"-Eigenschaft, zugrunde. Allerdings lässt sich ein Mittelwert nur für solche Daten sinnvoll interpretieren, deren Messpunkte gleiche Abstände haben. Bei echten Messungen, z. B. mit Zollstöcken, Waagen oder Thermometern, ist dies der Fall. Der Abstand von 10 zu 20 Grad Celsius ist exakt so groß wie derjenige von 20 zu 30 Grad Celsius. Für Rangfolgen gilt das in den seltensten Fällen.

Zwar beinhalten die Ursprungsdaten gezählte und gemessene Werte oder zumindest Schätzungen von Zählungen und Messungen. Doch die Standardisierung auf den Wertebereich 0 für das beste Land bis 1 für das schlechteste Land auf der jeweiligen Skala eines Indikators kann zu erheblichen Verzerrungen führen, wenn die Daten – wie im vorliegenden Fall – unvollständig sind. Je nachdem, welche Länder in einem Indikator erfasst wurden, kann ein Land allein dadurch sehr positiv oder sehr negativ erscheinen. Nimmt man der Einfachheit halber an, es gebe nur die drei Länder A (das beste), B (in der Mitte) und C (das schlechteste). Fehlt ein Wert für A, so erhält B den Wert 0 und C den Wert 1. Fehlt hingegen ein Wert für C, so erhält A den Wert 0 und B den Wert 1. Beide Extreme für B sind möglich. Zwar kommt es mit 125 maximal möglichen Messungen kaum zu derart großen Schwankungen, und die Grundidee, die Skalen zu vereinheitlichen, ist für weitere Vergleiche durchaus sinnvoll. Dafür ist es aber klüger (und üblicher), anhand von robusteren Streuungsmaßen zu skalieren und nicht anhand von Extremwerten.

Weil die Daten teilweise nicht bekannt oder nur geschätzt sind, kommt noch mehr Unsicherheit ins Spiel, gerade wenn das Fehlen oder die Aussagekraft von Werten möglicherweise mit der Ausprägung des Wertes an sich zu tun hat. So setzt der Indikator „Bevölkerungswachstum" voraus, dass Geburten und Todesfälle systematisch erfasst werden. UNICEF weist jedoch in einem Bericht aus dem Jahr 2011 darauf hin, dass in den Jahren 2000 bis 2009 in Süd- und Ostafrika 64 Prozent aller Geburten nicht registriert wurden, in Zentral- und Osteuropa hingegen 4 Prozent. Geringes Bevölkerungswachstum und die Vollständigkeit, mit der Geburten erfasst werden, gehen somit eng einher. Deshalb kann das Bevölkerungswachstum dort, wo es besonders hoch ist, vermutlich am schlechtesten geschätzt werden. Ähnlich argumentieren kann man beim Bruttoinlandsprodukt. Es ist dort ein guter Indikator für die Wirtschaftsleistung, wo der Wert aller erzeugten Güter und Dienstleistungen systematisch erfasst wird, wo also Tauschhandel und Schattenwirtschaft keine wesentliche Rolle spielen. Dies trifft für Industrieländer eher zu als für Entwicklungsländer.

Solche statistischen Probleme äußern sich in der Diskrepanz zwischen Rangfolge und tatsächlichem Abstand einzelner Länder. Irland liegt vor Finnland und der Schweiz an der Spitze der Rangliste. Die Plätze gehen aber einher mit 17 Punkten für Irland, ebenfalls 17 Punkten für Finnland und 21 Punkten für die Schweiz. Nebenbei bemerkt stammen nur 30 der 35 Datensätze aus demselben Jahr 2010. Bei einigen Indikatoren mag das keine Rolle spielen. Die Anzahl von UN-Helfern beispielsweise kann aber durch einen aktuellen Konflikt erheblich zunehmen.

Aus der Behandlung von Rängen wie Messungen folgen Ungereimtheiten. Irland beansprucht den ersten Rang, Deutschland landet trotz seines hohen Spendenaufkommens und zahlreicher Hilfseinsätze auf Rang 13, im selben Abstand steht Kenia auf Rang 26. Dabei schneiden Deutschland wie Schweden in vielen Kategorien gut bis sehr gut ab, wegen der Höhe der überwiesenen Entwicklungshilfe, der Zahl aufgenommener Flüchtlinge und wegen des geringen Bevölkerungswachstums. Allerdings tragen Deutschland, Schweden und Belgien, gemessen an den entsprechenden Indikatoren, wenig zum Weltfrieden bei. Diesen Teilindex führen Ägypten, Jordanien und Tansania an: Länder, die kaum etwas tun, damit aber auch nichts Böses. Zwar leistet Deutschland einen hohen Beitrag bei Friedens- und UN-Missionen. Zugleich ist es jedoch stark an bewaffneten Konflikten beteiligt und exportiert viele Waffen. Dort punktet Irland, das so gut wie keine Waffenexporte zu verzeichnen hat. Würde man die entsprechende Kategorie aus dem Gesamtindex entfernen, dann wäre Schweden mit deutlichem Abstand „Best Country".

Die Rangfolge reagiert schon auf kleine Änderungen in der Zusammensetzung des Index deswegen so stark, weil die einzelnen Indikatoren auf eine Weise abhängig sind, die gegen einen Gesamtindex spricht. Die Summen- oder

Mittelwertbildung von Einzelskalen setzt voraus, dass sie wenigstens halbwegs dasselbe messen wie die neu gebildete Gesamtskala. Dazu müssen die Einzelskalen positiv miteinander korrelieren, was üblicherweise mit Hilfe einer Reliabilitätsanalyse geprüft wird.

Beim „Good Country Index" ist das Gegenteil der Fall; die Korrelationen der Indikatoren sind teilweise sogar negativ. Wer in einem Indikator gut abschneidet, hat in einem anderen fast automatisch das Nachsehen. Zum Beispiel hat ein wirtschaftlich starkes Land häufig eine starke Rüstungsindustrie und kann zugleich viele Hilfsgüter und Gelder an bedürftige Länder spenden. Auch wertet der Index es als positiv, wenn ein Land UN-Einsätze mit Personal unterstützt. Sobald sich der Einsatz zu einem bewaffneten Konflikt entwickelt, schlägt das Engagement negativ zu Buche. Kurz gesagt, je höher das internationale Engagement ist, desto mehr Fettnäpfchen gibt es, in die man treten kann.

Schließlich mögen die ausgewählten Statistiken jede für sich zwar neutral und objektiv erscheinen. In der Auswahl selbst steckt jedoch eine moralische Wertung. Ein Land, das sich passiv verhält und sich weder im Guten noch im Schlechten in anderen Teilen der Welt einmischt, erhält womöglich bessere Bewertungen als eines, das weltweit eine aktive Rolle spielt und dadurch an vielen Konfliktsituationen beteiligt ist. Die meisten der Indikatoren lassen sich nicht ausschließlich als positiv oder als negativ bewerten. Moderne Gewehre und Schützenpanzer können als Gefahr für den Weltfrieden oder als Hilfsmittel zur Konfliktbewältigung angesehen werden. Auf solche Punkte weisen die Erfinder des Index selbst hin. „Good" bedeutet für sie nicht das Gegenteil von „schlecht", sondern von „egoistisch".

„Offen gesagt", so steht es zudem in den FAQ zu lesen, „spielt die genaue Position eines Landes in einer Tabelle keine so große Rolle". Was nun?

Der Index ist statistisch gesehen etwas fragwürdig, doch gerade aufgrund der Widersprüche in der Kombination seiner einzelnen Komponenten leistet er einen Mehrwert. Denn er zeigt auf, dass etwas Positives in einem Bereich häufig mit etwas Negativem in einem anderen Bereich erkauft wird. Entwicklungshilfe, Wirtschaftswachstum oder Rüstungsindustrie isoliert zu betrachten, kann zu erheblichen Fehleinschätzungen der Politik eines Landes führen. Richtig gelesen könnte der Good Country Index helfen, solche Ambivalenzen besser zu verstehen.

Zum Nachlesen:

Anholt, S.: The Good Country Index. www.goodcountry. org, o. J.

Unicef: The State of the World's Children 2011. Adolescence – an Age of Opportunity. New York, 2012.

2.7 Warum Sparsamkeit nicht tötet

Das Buch „The bodyeconomic: why austerity kills" von David Stuckler und Sanjay Basu argumentiert engagiert für die Position, dass eine Sparpolitik von Staaten in Krisenzeiten für den Tod von Menschen verantwortlich sei. Die Autoren präsentieren Anekdoten von Menschen, die unter der Sparpolitik leiden, leiten daraus ihre These ab und untermauern sie mit passenden Statistiken.

Ein neutral arbeitender Statistiker muss sich zwei Fragen stellen. Erstens: Ist etwas die Ursache von etwas anderem, nur weil beides gemeinsam auftritt? Zweitens: Sind die Statistiken typisch oder nur passend ausgewählt? Weil das Buch diese Fragen nicht beantwortet, kann man nur zum Schluss kommen: Die Aussage mag unter Umständen stimmen, aber man müsste sie näher untersuchen.

Eine Geschichte, die in „Austerity kills" erzählt wird, handelt vom Mädchen Olivia, dessen arbeitsloser Vater nach einem Familienstreit betrunken das Haus anzündet. Sie überlebt mit knapper Not. Ein tragischer Fall. Aber ist die amerikanische Regierung schuld daran, dass der Vater arbeitslos wurde? Ist sie schuld daran, dass der Vater trinkt, sich mit der Mutter streitet und das Haus anzündet? Lässt sich also der beschriebene Fall unmittelbar den amerikanischen Sparmaßnahmen zuordnen und ist vor allem beweisbar, dass der Verzicht auf Sparmaßnahmen die Eskalation verhindert hätte? Selbst wenn es im Einzelfall so wäre, gilt das dann auch allgemein?

Im Rückblick mögen Zusammenhänge nachvollziehbar scheinen, aber hätten sie auch vorhergesagt werden können? Oder wird im Nachhinein ein Kausalzusammenhang konstruiert, wo nur Ereignisse zufällig zusammengetroffen sind? Selbst wenn sich die Kausalkette für einen Einzelfall schlüssig belegen lässt, müssen für statistische Aussagen viele ähnliche Fälle gefunden, dokumentiert und mit einer Kontrollgruppe verglichen werden.

Stuckler und Sanju zitieren eine Statistik, die veranschaulicht, dass während der „Großen Depression", der schweren Wirtschaftskrise der 1930er Jahre, die Lebenserwartung in den USA gesunken ist. Zugleich ist bekannt, dass manche

Menschen zur Flasche greifen, wenn sie arbeitslos werden. Trotzdem ist nicht klar, welche Rolle die Politik dabei spielt. Dafür müsste eine Statistik nachweisen, dass sich die Zunahme an Alkoholikern während einer Krise signifikant zwischen Ländern mit und ohne strikte Sparpolitik unterscheidet. Störvariablen, etwa die kulturellen Unterschiede, sind zu berücksichtigen.

Sorgfältig arbeitende Wissenschaftler müssen sich derartige Hypothesen überlegen, bevor sie entsprechende Daten erheben und analysieren. Die Autoren beschreiben hingegen, dass Wissenschaftler unzählige Daten durchforstet und dabei ein Muster gefunden haben. Ein solches Vorgehen nennt man HARKing, „Hypothesizing after the results are known". Wer erst in die Daten blickt und danach seine Hypothesen aufstellt, kann damit nichts beweisen. Nur wenn in neuen Daten dieselben Muster auftreten, sind die Hypothesen bestätigt.

Man darf explorativ arbeiten. Das ist ein anerkannter Weg, um Hypothesen zu bilden. Aber es ist kein geeigneter Weg, um Hypothesen zu prüfen. Wenn man in Daten etwas findet, selbst wenn es statistisch signifikant ist, so ist das kein Beweis, solange man nicht vorher genau festlegt, was man finden will.

Vermutlich gezielt ausgesuchte Statistiken findet man beim Vergleich von Island mit Griechenland während und nach der Finanz- und Eurokrise ab 2007. Beide Länder haben ganz verschiedene Grundvoraussetzungen und Probleme. Island ist ein funktionierender Staat, der ein relativ isoliertes Problem mit dem Schuldenstand seiner Banken hatte. Griechenland kämpft mit Korruption, mit einem riesigen bürokratischen Apparat und einer Vielzahl weiterer Probleme. Naheliegender wäre es gewesen, Island stattdessen Irland gegenüberzustellen. Irland liegt quasi neben Island und hat seine Staatsausgaben noch stärker zurückgefahren als Griechenland. Die Vermutung liegt nahe, dass dort damit nicht die gewünschten Ergebnisse herausgekommen wären.

Die Autoren vergleichen an anderer Stelle durchaus Staaten in ähnlichen Lagen, etwa Malaysia und Thailand in der Asienkrise von 1997. Während Thailand Hilfen vom Internationalen Währungsfonds annahm und dafür eine entsprechende Sparpolitik garantieren musste, hat Malaysia nichts dergleichen getan.

Dieses Beispiel im Buch wartet mit einer Vielzahl von Zahlen auf. Zum Teil stammen sie vom Internationalen Währungsfonds, zum Teil aus anderen Studien oder es handelt sich um Erzählungen von Einzelpersonen, die ihre persönlichen Lebenshaltungskosten schildern. Den Vergleich illustriert eine Grafik, die den sprunghaften Anstieg der Infektionskrankheiten durch den Sparzwang belegen soll. Aber die Grafik zeigt nur den Verlauf in Thailand, nicht den in Malaysia, das angeblich besser mit der Krise umgegangen ist. Ein systematischer Vergleich beider Länder fehlt für nahezu alle behaupteten Folgen der Austeritätspolitik, mit Ausnahme einer zitierten Studie, die darauf hinweist, dass die Infektionsraten bei HIV in Malaysia trotz der Nachbarschaft zu Thailand gefallen seien.

Eine genaue Überprüfung dieser zitierten Studie erweist sich als schwierig, weil sie mit den etwas spärlichen Angaben der Autoren allein nicht auffindbar ist. Allerdings

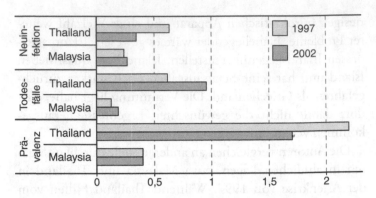

Abb. 2.2 HIV-Indikatoren in Thailand und Malaysia

existiert mit UNAIDS, dem Gemeinsamen Programm der
Vereinten Nationen zu HIV/AIDS, ein zentrales Projekt,
das umfassendes Zahlenmaterial zu HIV und AIDS bereitstellt. Auf der UNAIDS-Webseite gibt es allein elf verschiedene Statistiken zur Verbreitung von HIV, die keinesfalls
alle in dieselbe Richtung weisen oder eindeutige Trends
aufweisen. Schon dies lässt vermuten, dass es problematisch
sein könnte, eine einzelne davon für die Argumentation
auszuwählen. Deswegen sollen drei zentrale Statistiken in
Abb. 2.2 näher betrachtet werden.

Die erste HIV-Statistik ist die Neuinfektionsrate, gemessen als Zahl der Neuinfektionen pro 1.000 Einwohner und
Jahr. Diese hat sich in Thailand in den Jahren der Asienkrise von 1997 bis 2002 fast halbiert, während sie in Malaysia leicht gestiegen ist. Die Prävalenz als zweite Statistik,
die Auskunft über die zu einem bestimmten Zeitpunkt
Erkrankten als Anteil der Gesamtbevölkerung gibt, ist im
selben Zeitraum in Malaysia gleich geblieben, in Thailand

um ein Fünftel gesunken. Schließlich sind drittens die geschätzten Todesfälle pro 1.000 Einwohner und Jahr durch AIDS in Thailand zwar absolut stärker angestiegen, haben sich aber relativ nur um sechs Prozent mehr erhöht als in Malaysia. Die Trends in beiden Ländern verlaufen nahezu identisch.

Das Buch erwähnt somit eine Studie ohne exakte Quellenangabe und ohne Erläuterung, was genau mit „HIV-Raten" gemeint sein soll, die augenscheinlich den offiziellen UN-Zahlen widersprechen. Auch bei anderen Statistiken, etwa der Veränderung des Bruttoinlandsprodukts, der Lebenserwartung oder der Kindersterblichkeit, liegt Malaysia nach Angaben der Weltbank meist im Mittelfeld der südostasiatischen Staaten. Die Zahlen zeigen Entwicklungen, die lange vor der Asienkrise begonnen haben und Jahre später immer noch zu beobachten sind. Dass hier eine Kausalwirkung der mit der Krise – positiv oder negativ – zusammenhängenden Sparpolitik vorliegen soll, ist schwer nachzuvollziehen.

Welcher Weg richtig ist, wird von Wissenschaftlern und Politikern seit Jahrzehnten diskutiert. Das Buch hilft wenig dabei, dies zu entscheiden. Es ist legitim, einseitig zu argumentieren. Aber es ist nicht legitim, zu behaupten, etwas statistisch begründet zu haben, wenn die Statistik einseitig dargestellt ist. Um etwas statistisch zu belegen, muss das Konzept einer Studie darauf ausgelegt sein, die bestmögliche Antwort zu finden und nicht die gewünschte Antwort. Passende Zahlen auszusuchen und unpassende zu verschweigen mag in der Politik akzeptiert sein, aber ein wissenschaftliches Vorgehen ist es nicht.

Zum Nachlesen:

Stuckler, D. und Basu, S.: The body economic: Why austerity kills – Recession, Budget Battles, and the Politics of Life and Death. New York, Basic Books, 2013.

UNAIDS: AIDSinfo Online Database. www.unaids.org, o. J.

Erber, G.: The Austerity Paradox: I see austerity everywhere, but not in the statistics. Deutsches Institut für Wirtschaftsforschung, Berlin, 2013.

The World Bank: World Development Indicators Database, 17.04.2015.

3

Wirtschaft und Unternehmen

3.1 Wer wirklich arm ist

Anlässlich des Weltwirtschaftsforums 2015 in Davos hat die internationale Entwicklungshilfeorganisation Oxfam einen Bericht zur globalen Einkommens- und Vermögenssituation veröffentlicht. Die Pressemitteilung von Oxfam fasst unter dem Titel „Globale Ungleichheit untergräbt Demokratie" die Kernaussage des Berichts folgendermaßen zusammen: „Heute besitzt ein Prozent der Weltbevölkerung fast die Hälfte des Weltvermögens. Die 85 reichsten Menschen besitzen ebenso viel wie die ärmere Hälfte der Weltbevölkerung zusammen."

Oxfam argumentiert unter anderem, dass insbesondere reiche Personen und Unternehmen ihr Geld in Steueroasen transferieren, dass in den USA in Jahren der finanziellen Deregulierung zugleich ein Einkommenswachstum des reichsten Prozents der Bevölkerung zu beobachten war und dass das regressive Steuersystem in Indien sowie die guten Verbindungen der Reichen zur Regierung zu einer Verzehnfachung der Anzahl der Milliardäre innerhalb einer Dekade geführt haben.

Oxfam hat das „Crédit Suisse Global Wealth Databook 2014" als Grundlage seines Berichts herangezogen. Dem Titel nach handelt es sich um eine Datensammlung, die Einblick geben soll in das Vermögen auf der ganzen Welt. Doch das Inhaltsverzeichnis spricht von „wealth estimates by country". Das liegt daran, dass nur für 31 Länder der Aufstellung überhaupt Werte zur Einkommensverteilung vorliegen. Dort ist das reichste Prozent der Bevölkerung häufig unzureichend erfasst, weil es keine offiziellen Statistiken gibt, oder weil sehr reiche (wie auch sehr arme) Menschen ungern auf Fragen zu ihrem Vermögen antworten.

Auch wenn die Statistik Werkzeuge bereitstellt, mit denen solche fehlenden Werte „ersetzt" werden können, bleiben es eben Schätzungen und keine harten Fakten. Für Indien beispielsweise erhöht das statistische Modell den Anteil der Superreichen am gesamten Vermögen des Landes auf das 2,5-fache – von gut 15 auf knapp 40 Prozent. Niemand weiß, ob diese Schätzung wahr ist. Sie setzt voraus, dass das statistische Modell die Realität gut beschreibt. Statistische Modelle tun das nicht immer, was sich unter anderem in der letzten Finanzkrise bemerkbar gemacht hat. Und selbst wenn die Schätzung die Wahrheit gut trifft, heißt das noch lange nicht, dass sich die Superreichen wegen des Steuersystems und ihrer Regierungskontakte so stark vermehrt haben. Man darf das inhaltlich begründen, aber es ergibt sich nicht aus den Daten.

Die Quelle offenbart also: Es handelt sich erstens nicht um globale Daten, sondern um globale Schätzungen zum weltweiten Vermögen. Zweitens ist mit „Vermögen" das Nettovermögen gemeint, also Bruttovermögen minus Schulden. Diese Definition, die auf den ersten Blick voll-

kommen vernünftig erscheint, führt zu absurden Schlussfolgerungen. Die ärmsten Menschen sind laut Statistik
diejenigen mit den höchsten Schulden. Ein Millionär kann
Millionenschulden machen, weil er entsprechende Kredite
erhält. Ein Bettler kann das nicht. Wer sich mit Spekulati-
onsgeschäften verrechnet hat, zählt rein rechnerisch zu den
Ärmsten der Armen. Der Bettler, der einen Euro geschenkt
erhält, ist mit diesem Nettovermögen reicher als die „ärmsten" 2,3 Mrd. Menschen zusammengenommen.

Ende 2015, so Oxfam, soll hingegen das reichste Prozent der Weltbevölkerung mehr Vermögen besitzen als alle
anderen Menschen. Diese Aussage ist das Ergebnis einer
Trendrechnung und unterstellt, dass sich ein in der Vergangenheit beobachteter Verlauf in Zukunft genau so fortsetzt.
Damit kommt zur Unsicherheit, die in den für die Analyse
herangezogenen Daten selbst steckt, ein weiterer Unsicher-
heitsfaktor hinzu: die Unsicherheit, wann man von einem
Trend sprechen kann, wann er beginnt und wann er endet.

Die Trendberechnung von Oxfam beruht auf Daten
für die Jahre 2010 bis 2014. Die Auswertung exakt dieses
Fünf-Jahres-Zeitraums sagt den Zeitpunkt, zu dem das Vermögen des reichsten Prozents der Weltbevölkerung mehr
als die Hälfte des Gesamtvermögens beträgt, in baldiger
Zukunft voraus. Ein anderer Modellierungszeitraum führt
zum gegenteiligen Ergebnis, siehe Abb. 3.1. Denn im Trend
der vergangenen 15 Jahre schließt sich die Schere: Die Reichen werden ärmer und die Armen reicher.

Nebenbei unterstellt die Vorhersage auch, es gäbe keine
unterjährigen Schwankungen in der Verteilung des Vermögens. „Vermögen" ist aber sehr volatil, da ein Großteil lediglich aus Buchwerten besteht, etwa Aktien oder Immobilien.

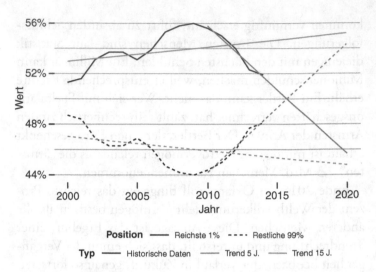

Abb. 3.1   Anteil der Reichsten und aller anderen am Gesamtvermögen mit Trends

Im Jahr 2012 waren fast 16 Mio. Hypotheken in den USA „unter Wasser", das heißt die jeweilige Immobilie war weniger wert als die darauf lastende Hypothek. Zugleich stellen Immobilienkredite in aller Regel den größten Posten in der Bilanz von Privathaushalten dar. Den nächstgrößten bildet das Auto, das in den USA ebenfalls sehr häufig auf Kredit erworben wird. Dazu kommt oft noch ein Ausbildungskredit. So kann statistisch gesehen ein US-amerikanischer Akademiker mit Einfamilienhaus und zwei Premium-Autos zum ärmsten Zehntel der Weltbevölkerung zählen, falls seine Kreditschulden zeitweilig den Wert seiner Besitztümer überschreiten. Sobald die Immobilienpreise steigen und die Hypothek wieder abdecken, wechselt er in das reichste Zehntel, ohne dass sich an seinem Besitz etwas verändert.

In Deutschland war eine solche Immobilienblase nicht zu beobachten. Dennoch folgten auf die Finanz- und Eurokrise extrem niedrige Zinsen, was die Preise von Aktien und Immobilien steigen ließ und damit die Reichen noch reicher machte. So etwas ist kein echter Wertzuwachs sondern eine rein technische Reaktion, um Zinsen von Anleihen und Dividenden im Gleichgewicht zu halten. Wenn ein solcher Buchwert nicht durch einen Verkauf realisiert wird, existiert er nur auf dem Papier und kann morgen schon wieder verschwunden sein.

Bei aller Skepsis gegenüber den Daten ist der Veröffentlichung der Crédit Suisse zu entnehmen, dass ausgerechnet in Krisenstaaten wie Griechenland und Argentinien der Anteil des Vermögens des reichsten Prozents besonders stark ansteigt. Man könnte – inhaltlich begründet, nicht statistisch bewiesen – vermuten, dass fehlende Kontrollsysteme es speziell dort begünstigen, Vermögen außer Landes zu schaffen. Eine Vermögenssteuer würde unter solchen Umständen kaum greifen. Im Gegensatz dazu ändert sich in Deutschland vergleichsweise wenig an der Vermögensverteilung. Im Jahr 2000 besaß das reichste Prozent der Deutschen 31 Prozent des Vermögens, bis 2009 sank der Anteil auf 27,7 Prozent und stieg seitdem leicht an auf derzeit 28 Prozent. Ist das bereits ein Trend? Oder nur ein „Rauschen" in sehr unsicheren Daten?

Schließlich dokumentiert das „Global Wealth Databook" sogar, dass der durchschnittliche Italiener sowohl im Mittel als auch im Median „reicher" ist als der durchschnittliche Deutsche. Bevor man sich darüber aufregt, sollte man bedenken, dass eine Statistik über Vermögen oder Reichtum keine gute Messung von Wohlstand darstellt. Eine klare Differenzierung zwischen Vermögen und Schulden ist notwendig, damit nicht Äpfel mit Birnen verglichen werden. Wohlstand allerdings hat mehr mit Einkommen zu tun als mit Reichtum, mit der Frage, ob man genug verdient, um davon menschenwürdig leben zu können. Diese Frage beantwortet die Reichtumsstatistik nicht.

Zum Nachlesen:

Oxfam Deutschland: Globale Ungleichheit untergräbt Demokratie. 20.01.2014.

Crédit Suisse: Global Wealth Databook 2014, Zürich, 2014.

Oxfam International: Oxfam Issue Briefing: Wealth: Having It All And Wanting More. London, Oxfam House, 2015.

Zillow: Despite Homo Value Gains, Underwater Home-owners Owe $1.2 Trillion More than Homes' Worth. 24.05.2012.

3.2 Wie sich Ungleichheit entwickelt

„Soziale Ungleichheit: Deutschland wird amerikanischer." Mit dieser Titelzeile berichtete Spiegel Online im Dezember 2011 über eine Studie der Organisation für wirtschaftliche Zusammenarbeit und Entwicklung (OECD), der zufolge die Einkommensunterschiede in Deutschland stark zugenommen haben sollen. Damit nähere sich die soziale Kluft den Verhältnissen in den USA an. Die Ungleichheit sei stärker gewachsen als in den meisten anderen OECD-Ländern.

In Deutschland sei 2008 das Nettogehalt der obersten zehn Prozent achtmal so hoch wie das der untersten zehn Prozent gewesen.

Einkommensgleichheit misst man meist mit dem Gini-Koeffizienten. Dafür sortiert man die Beobachtungseinheiten, etwa Personen oder Haushalte, nach der Höhe ihres Einkommens. Dann wird verglichen, welchen Anteil des Einkommens jeweils ein bestimmter Anteil der Beobachtungseinheiten verdient. Verdienen alle gleich viel, dann ist die Einkommenskurve, auch „Lorenz-Kurve" genannt, eine Gerade. Je ungleicher die Verteilung ist, desto stärker ist die Kurve gekrümmt. Der Gini-Koeffizient liegt im Bereich 0 bis 1, wobei ein Wert von 0 bedeutet, dass alle gleich viel verdienen, während bei einem Wert von 1 einer alles verdient und der Rest nichts. Abbildung 3.2 zeigt vier Beispiele unterschiedlicher Einkommensverteilungen.

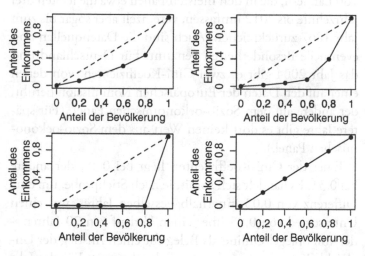

Abb. 3.2 Vier modellhafte Lorenz-Kurven

Der Spiegel-Artikel führt an, dass in Deutschland der Gini-Koeffizient im Jahr 1985 bei 0,25 lag und bis zum Jahr 2008 auf 0,3 angestiegen ist. Schwankungen innerhalb dieses Zeitraums erwähnt der Artikel nicht, schlussfolgert aber, dass sich damit die Ungleichheit in Deutschland den Verhältnissen in den USA, mit einem Gini-Koeffizienten von 0,38, annähere. Einerseits ist hier ein Trend unterstellt, der auf lediglich zwei Datenpunkten beruht. Andererseits sind Gini-Koeffizienten keine exakten Messungen, sondern sie sind abgeleitet aus zufallsbehafteten Stichproben. Je nach Stichprobe variiert der Wert des Gini-Koeffizienten.

Aber wie groß ist denn nun diese Unsicherheit? Das beantwortet eine frei zugängliche Datenbank zur weltweiten Einkommensungleichheit des World Institute for Development Economics Research (WIDER) der United Nations University (UNU). Sie enthält Gini-Koeffizienten aus rund 160 Ländern, die in den meisten Fällen etwa die letzten drei Jahrzehnte bis 2012 umfassen, vereinzelt aber sogar bis zum Jahr 1867 zurückreichen. Auch sind die Datenquellen und eventuelle Besonderheiten genannt. Für Deutschland und das Jahr 2004 gibt es zwei Gini-Koeffizienten, von denen einer auf den Daten der Europäischen Kommission beruht, der andere auf dem Sozio-oekonomischen Panel. (Für spätere Jahre gibt es dort keinen Wert aus dem Sozio-oekonomischen Panel.)

Einer der Gini-Koeffizienten liegt bei 0,28, der andere bei 0,31. Es handelt sich somit, je nach Stichprobe, um eine Differenz von 0,03 innerhalb desselben Jahres, was einen Unterschied von 0,05 über einen Verlauf von 20 Jahren – der von Spiegel Online als Beleg für einen Anstieg der Ungleichheit genannt wird – deutlich relativiert. Für das Jahr

1985 unterscheiden sich zwei Gini-Koeffizienten um einen Betrag von 0,05. Ein Wert von 0,35 ergibt sich, wenn der Koeffizient für Haushalte berechnet wird; für Einzelpersonen liegt der Wert bei 0,30. Zudem sind die Gini-Koeffizienten für Jahre vor 1990 nur für Westdeutschland berechnet, danach für Gesamtdeutschland. All dies erschwert den Vergleich.

Dazu kommt: Aus ein und denselben Daten kann man verschiedene Werte für den Gini-Koeffizienten berechnen. Es spielt eine wesentliche Rolle, ob zehn oder nur fünf Einkommensgruppen, so genannte Quantile, gebildet werden (in Abb. 3.2 sind fünf Gruppen gebildet). Ein Gini-Koeffizient, der aus wenigen Quantilen berechnet wird, ist – bei identischen Ausgangsdaten – in der Regel kleiner als einer aus vielen Quantilen. Je feiner man die Daten einteilt, umso größer ist die gemessene Ungleichheit. Das kommt daher, dass die Personen in einer Einkommensklasse natürlich nicht alle gleich viel verdienen, aber der Koeffizient sie nicht unterscheiden kann. Zu viele Klassen lassen wiederum den Koeffizienten stark auf zufällige Schwankungen reagieren. Manchmal hat man gar keine Wahl, weil die Einkommensdaten nur in Klassen erfasst sind. Letztlich erlaubt der Vergleich von Koeffizienten aus unterschiedlichen Datenquellen bestenfalls Tendenzaussagen.

Schließlich stellt sich die Frage, was eigentlich gemessen wurde. Geht es um Haushalte oder Individuen? Sind nur Steuerzahler erfasst, nur Erwerbseinkommen oder auch andere Einkommensarten? Einkommens- oder Vermögensstichproben werden nicht deshalb erhoben, damit Wirtschaftsforschungsinstitute daraus die Ungleichheit berechnen können. Vielmehr ermöglichen Daten, die etwa für die

Steuerschätzung erfasst wurden, nebenbei die Berechnung eines Gini-Koeffizienten für genau den Ausschnitt der Realität, den sie abbilden.

In keiner Stichprobe, egal ob Sozio-oekonomisches Panel, Einkommens- und Verbrauchsstichprobe oder Mikrozensus, sind alle Einwohner eines Landes erfasst. Oft fehlen Werte, was problematisch ist, wenn es nicht zufällig geschieht, sondern wenn besonders Reiche oder besonders Arme nichts zu ihrem Einkommen sagen. Manchmal werden Methoden überarbeitet, weil neue Forschungsergebnisse oder statistische Verfahren zur Verfügung stehen. Das Deutsche Institut für Wirtschaftsforschung hat im Mai 2011 die Ersetzungsmethode für fehlende Daten im Sozio-oekonomischen Panel verändert. Dadurch ist rechnerisch die Kinderarmutsquote um nahezu 50 Prozent gesunken. Bis zu diesem Zeitpunkt hatte die OECD unter Berufung auf diese Daten noch gemeldet, dass die Kinderarmutsquote in Deutschland erschreckend hoch sei.

Nimmt man trotzdem an, dass die von Spiegel Online genannten Koeffizienten für 1995 und 2008 die Realität halbwegs korrekt wiedergeben, so muss man nachprüfen, ob sie auch belegen, dass sich Deutschland den USA annähert. Der Einfachheit halber kann man beide Werte jeweils durch eine Gerade verbinden wie in Abb. 3.3. Die Geraden schneiden sich tatsächlich irgendwann, hier bei einem Gini-Koeffizienten von 0,7 im Jahr 2192.

Dass die Ungleichheit in Deutschland bald amerikanische Verhältnisse erreiche und dies ein Grund zur Sorge sei, ist sicher kein zwingender Schluss aus den Daten. Seit 1985 bewegen sich die Gini-Koeffizienten ohne klaren Trend auseinander und wieder aufeinander zu. Man kann sich leicht denken, dass die Auswahl des Referenzzeitraums darüber

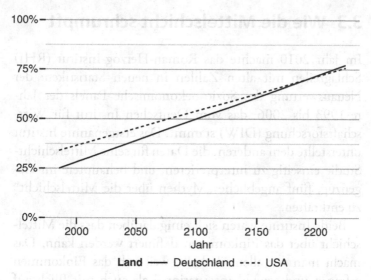

Abb. 3.3 Trends der Gini-Koeffizienten für Deutschland und die USA

entscheidet, ob sich ein Trend abzeichnet oder vielleicht wieder im Nichts verschwindet.

Zum Nachlesen:

Böcking, D.: Soziale Ungleichheit: Deutschland wird amerikanischer. Spiegel Online, 05.12.2011.

Deutsches Institut für Wirtschaftsforschung: Statistikdebatte: Kinder- und Jugendarmut ist nach wie vor das drängendste Problem. Pressemitteilung vom 12.05.2011.

OECD: Growing income inequality in OECD countries: what drives it and how can policy tackle it? OECD forum on tackling inequality, Paris, 02.05.2011.

UNU-WIDER: World Income Inequality Database (WI-ID3.0b), September 2014.

3.3 Wie die Mittelschicht schrumpft

Im Jahr 2010 machte das Roman-Herzog-Institut (RHI) Schlagzeilen mit alten Zahlen in neuen Statistiken: der Neuauswertung des Sozio-oekonomische Panels der Jahre 1993 bis 2006, das vom Deutschen Institut für Wirtschaftsforschung (DIW) stammt. Das erstgenannte Institut unterstellte dem anderen, die Daten für seine Mittelschicht-Studie einseitig zu interpretieren, und behauptete im Gegenzug, fünf angebliche „Mythen über die Mittelschicht" zu entkräften.

Beide Institute waren sich einig darüber, dass die Mittelschicht über das Einkommen definiert werden kann. Das macht man vor allem deshalb, weil sich das Einkommen erfragen und sowohl international als auch mit Blick auf verschiedene Haushaltsgrößen standardisieren lässt. Dann gilt als Mittelschicht, wer zwischen 70 und 150 Prozent des Medianeinkommens verdient. Für einen Single waren das im Jahr 2009 netto zwischen 860 und 1844 € im Monat. Um unterschiedlich große Haushalte vergleichen zu können, wird ein so genanntes Nettoäquivalenzeinkommen benötigt. Eine Familie mit zwei Erwachsenen und zwei Kindern benötigt rechnerisch weniger als vier Singles – dazu mehr im nächsten Fallbeispiel.

Das RHI kommt nun zum Schluss, dass die Mittelschicht gar nicht schrumpfe, so wie es das DIW wenige Monate zuvor im Juni 2010 behauptet hat. Konkret stellte Letzteres anhand der Zahlen fest, dass sich der Anteil der Haushalte mit geringem Einkommen von 19 Prozent im Jahr 2004 auf fast 22 Prozent im Jahr 2009 erhöht hat. Zugleich hat der Anteil der Haushalte mit hohem Einkommen bereits seit dem Jahr 2000 beinahe kontinuierlich zugenommen. Dabei fällt bereits auf, dass das DIW sehr frei mit Bezugszeiträumen agiert. Legt man für die hohen Einkommen wie oben den Zeitraum von 2004 bis 2009 zugrunde, so hat ihr Anteil sogar abgenommen.

Die Zahlen werden vom RHI nicht bestritten – wohl aber, wie sie in Beziehung zu setzen und zu interpretieren sind. Von 1993 bis 2009, so die Kritiker, bleibe der Anteil der Mittelschicht relativ konstant und schwanke zwischen 60 und 67 Prozent. Weder bei den Haushalten mit hohem noch bei denjenigen mit niedrigem Einkommen sei ein langfristiger Trend erkennbar. Doch bei niedrigem Einkommen kann man mit ein bisschen gutem Willen durchaus für Anfang der 1990er Jahre eine relativ kontinuierliche Abnahme von knapp über auf knapp unter 20 Prozent erkennen, die sich etwa ab dem Jahr 2000 wieder umkehrt.

Die Basis erzeugt offensichtlich den Unterschied. Dies trifft nicht nur auf das Referenzjahr zu, sondern auch auf die Referenzgruppe, wie ein einfaches Rechenbeispiel zeigt: Seit 1996 hat der Anteil der einkommensschwachen Haushalte um nahezu 16 Prozent zugenommen, aber die Mittelschicht ist nur um gut zwei Prozent geschrumpft.

Ein wenig ändert sich die Perspektive, wenn man statt der Veränderung der Anteile die Veränderung der Durchschnittseinkommen in Haushalten mit niedrigem und mit hohem Einkommen betrachtet. Wieder schätzen die Institute die Lage, die zahlenmäßig in Tab. 3.1 abgebildet ist, unterschiedlich ein. Das DIW hebt in den Vordergrund, dass sich zwischen 1999 und 2009 die Lücke zwischen der unteren und der mittleren Einkommensgruppe von 46 auf 49 Prozent vergrößert hat. Zudem verdiente die obere Ein-

Tab. 3.1 Entwicklung der Einkommen in Deutschland

Jahr	Niedrige Einkommen	Mittlere Einkommen	Hohe Einkommen	„Unten zu Mitte" (%)	„Oben zu unten" (%)	„Oben zu Mitte" (%)
1993	643	1.222	2.372	−47,4	368,9	94,1
1994	646	1.222	2.371	−47,1	367,0	94,0
1995	643	1.232	2.500	−47,8	388,8	102,9
1996	664	1.251	2.478	−46,9	373,2	98,1
1997	660	1.243	2.413	−46,9	365,6	94,1
1998	667	1.237	2.367	−46,1	354,9	91,4
1999	685	1.270	2.436	−46,1	355,6	91,8
2000	680	1.287	2.569	−47,2	377,8	99,6
2001	690	1.300	2.561	−46,9	371,2	97,0
2002	664	1.279	2.669	−48,1	402,0	108,7
2003	669	1.300	2.690	−48,5	402,1	106,9
2004	657	1.264	2.583	−48,0	393,2	104,4

Tab. 3.1 Fortsetzung

Jahr	Niedrige Einkommen	Mittlere Einkommen	Hohe Einkommen	„Unten zu Mitte" (%)	„Oben zu unten" (%)	„Oben zu Mitte" (%)
2005	659	1269	2567	−48,1	389,5	102,3
2006	650	1255	2626	−48,2	404,0	109,2
2007	651	1251	2569	−48,0	394,6	105,4
2008	645	1252	2538	−48,5	393,5	102,7
2009	677	1311	2672	−48,4	394,7	103,8
			Vergrößerung der Lücke pro Jahr	0,1	0,4	0,6
			Einkommenswachstum pro Jahr			
	0,3 %	0,4 %	0,7 %			
			Wachstum relativ zur Mitte			
	−27 %		70 %			

kommensgruppe 1999 im Mittel noch 92 Prozent mehr als die Mittelschicht, wies aber 2009 ein deutlich höheres Plus von 104 Prozent auf.

Legt man jedoch die Zeitspanne von 2004 bis 2009 zugrunde, mit der das Deutsche Institut für Wirtschaftsforschung selbst den Anstieg der Haushalte mit geringem Einkommen belegt, so fällt auf, dass der Unterschied bei hohen und bei niedrigen Einkommen praktisch konstant geblieben ist. Wieder betrachtet das RHI dagegen die Zeitspanne von 1993 bis 2009. Es zeigen sich sowohl Zu- als auch Abnahmen der Einkommensschere, ohne eindeutigen Trend. Beide Institute haben rein rechnerisch Recht. Die Unterschiede zwischen niedrigen, mittleren und hohen Einkommen haben in den zugrunde liegenden 17 Jahren zugenommen. Aber das ist nicht kontinuierlich geschehen, sondern mit verhältnismäßig starken Schwankungen.

Was diese Zahlen bedeuten, kann die Statistik nicht erklären. Sie lässt sich nur benutzen, um sprichwörtlich „alles zu beweisen". Soll die Entwicklung verharmlost werden, so mag man den Blick auf die relative Veränderung der Einkommenslücken lenken. Über den gesamten Zeitraum hat sich die Lücke zwischen mittleren und oberen Einkommen um knapp 10 Prozent vergrößert (= 394,7 %/368,9 % in der Spalte „oben zu unten"), das entspricht aber nur einer jährlichen Veränderung von durchschnittlich 0,6 Prozent. Umgekehrt können exakt dieselben Zahlen dramatisiert werden, wenn die Wachstumsgeschwindigkeit betont wird. Dann lässt sich nachweisen, dass die hohen Einkommen um 70 Prozent schneller gewachsen sind als die mittleren, die niedrigen jedoch um 27 Prozent langsamer (= 0,7 %/0,4 % bzw. 0,3 %/0,4 % bei „Einkommenswachstum pro Jahr").

Ganz offensichtlich hat die Bewertung einer Statistik wenig bis gar nichts mit dem Wert zu tun, den diese Statistik annimmt. Genauso wenig gibt sie Auskunft darüber, welche Gründe zu diesem Wert geführt haben. Je nach Annahme über die Gründe kann man die Fakten als Beruhigungsmittel oder als Alarmsignal interpretieren. Deshalb deckt sich das echte Risiko eines Abstiegs aus der Mittelschicht nicht mit dem Ausmaß der Angst vor dem Abstieg. Diese Angst, gemessen an der Sorge um den Verlust des Arbeitsplatzes, hat zwischen 1993 und 2007 in der Mittelschicht zugenommen.

Die zentrale Frage dabei ist, ob die subjektive Abstiegsangst durch Fakten begründbar ist. Das RHI bestreitet dies. Die untere Einkommensschicht wachse nicht etwa, weil so viele Menschen arbeitslos würden und deshalb aus der Mittelschicht abstiegen, sondern weil sich die Zusammensetzung der Gesellschaft ändere. In typischen Mittelschichtfamilien werden weniger Kinder geboren als in Familien mit Migrationshintergrund, die häufig nicht zur Mittelschicht gehören. Traditionelle Familienstrukturen zerfallen, Alleinerziehende und Singles nehmen zu. Deren Armutsrisiko ist in der Tat erhöht.

Doch wenn sich zwei Menschen trennen, braucht es keinen Scheidungskrieg, damit beide ärmer werden – zumindest statistisch gesehen. Denn gemäß der Berechnung des Nettoäquivalenzeinkommens benötigen zwei Singles 33 Prozent mehr Geld als ein Paar. Eine OECD-Studie aus dem Folgejahr nennt solche Veränderungen der Haushaltsstrukturen als möglichen Grund für wachsende Einkommensungleichheit. So kann Armut mit Hilfe geeigneter Statistiken auch aus dem Nichts „entstehen".

Zum Nachlesen:

Enste, D. H. et al.: Mythen über die Mittelschicht. Wie schlecht steht es wirklich um die gesellschaftliche Mitte? Roman-Herzog-Institut, München, 2011.

Goebel, J. et al.: Polarisierung der Einkommen. Die Mittelschicht verliert. In: DIW-Wochenbericht 24, S. 2–9, Berlin, 2010.

OECD: An Overview of Growing Income Inequalities in OECD Countries: Main Findings, 2011.

3.4 Was ein Mensch zum Leben braucht

Armut ist relativ, zumindest bei uns. Arm ist in Deutschland, wessen Nettoäquivalenzeinkommen weniger als 60 Prozent des Medianeinkommens aller Personen beträgt, also des Einkommens, das die „ärmere" von der „reicheren" Hälfte trennt. Bei 60 Prozent beginnt demnach die Armutsgefährdung.

Leben mehrere Menschen zusammen, so kommen sie günstiger weg, als wenn jeder von ihnen einen Single-Haushalt führen würde. Sie sparen z. B. bei der Wohnfläche, bei der Heizung, beim Internetanschluss oder auch bei den Haushaltsgeräten. Die amtliche Statistik nutzt dafür eine simple Berechnungsformel. Der erste Erwachsene im Haushalt zählt mit dem vollen Referenzwert. Für jeden weiteren Erwachsenen und jedes Kind ab 14 Jahre wird ein Mehrbedarf von 50 Prozent des Referenzwerts angesetzt, Kinder unter 14 Jahren zählen mit jeweils 30 Prozent. Der

Referenzwert für die Armutsgefährdung liegt seit dem Jahr 2013 bei monatlich 979 €. Eine Familie mit zwei Kindern unter 14 Jahren gilt dann als armutsgefährdet, wenn sie über ein Einkommen von weniger als 2.056 € verfügt, da der Referenzwert mit dem Faktor

$$1 + 0,5 + 0,3 + 0,3 = 2,1$$

zu multiplizieren ist. Diese Gewichtung von Familienmitgliedern ist im Grunde willkürlich; gerade besondere Lebensumstände wie etwa chronische Krankheiten oder auch die regional unterschiedlichen Lebenshaltungskosten werden nicht berücksichtigt.

Wer arm ist, kann Geld vom Staat bekommen, wie viel, das richtet sich nach den Regelsätzen des Arbeitslosengeldes II, umgangssprachlich als „Hartz IV" bekannt. Erwachsene Hartz-IV-Empfänger erhalten seit dem 1. Januar 2015 monatlich 399 €. Für Kinder sind die Sätze in Abhängigkeit vom Alter gestaffelt. Kinder bis einschließlich fünf Jahre werden mit 234 € bedacht, bis zum Alter von 13 Jahren liegt der Regelsatz bei 267 € und bis zur Volljährigkeit schließlich bei 302 €. Das entspricht einem Anteil von 58,6 bis 75,7 Prozent des Erwachsenenbedarfs. Miete und Heizkosten werden extra vom Sozialamt bezahlt, so dass die Zuschläge für Kinder nur scheinbar großzügiger sind, als es die Formel oben vorgibt. Tatsächlich sind im Regelsatz für Kinder Wohnkosten einschließlich Instandhaltung und Energie von 7,78 bis 16,93 € vorgesehen. Allerdings gibt es in Ausnahmefällen noch Beihilfen, etwa für eine Baby-Erstausstattung, für die Kosten einer Geburt und für Klassenfahrten.

Das Institut der deutschen Wirtschaft in Köln hat berechnet, dass ein zweifacher Familienvater deutlich mehr als den Mindestlohn von 8,50 € verdienen muss, um Hartz-IV-Niveau zu erreichen. Erst mit 10 € pro Stunde kommt man bei Vollzeitbeschäftigung monatlich auf rund 1.600 €. So viel erhält eine vierköpfige Hartz-IV-Familie maximal, abhängig von der jeweiligen Miete, ohne etwaige Beihilfen.

Um zu ermitteln, was jemand eigentlich zum Leben braucht, orientiert man sich daran, von wie viel Geld die Ärmsten leben. Alle fünf Jahre werden in Deutschland ca. 60.000 Haushalte in der Einkommens- und Verbrauchsstichprobe (EVS) befragt, zuletzt im Jahr 2013. Daraus berechnet man, wie hoch die Konsumausgaben von Personen unterschiedlicher Einkommensschichten sind. Der Hartz-IV-Regelbedarf nimmt als Maßstab die unteren 15 Prozent der Alleinstehenden ohne Hartz-IV-Bezieher, denn sonst käme man zu Zirkelschlüssen. Personen, die in „verdeckter Armut" leben, die also Hartz IV erhalten würden, aber keinen Antrag gestellt haben, sind in der Stichprobe enthalten. Eine Studie der Hans-Böckler-Stiftung vermutet, dass allein deshalb der Satz für Erwachsene um 12 € zu niedrig sei.

Die größte Hartz-IV-Reform fand im Jahr 2011 statt, nachdem das Bundesverfassungsgericht die bisherigen Regelsätze für willkürlich und verfassungswidrig erklärt hatte. Die Folge dieses Urteils war eine Erhöhung um 5 € auf 364 €. Dafür bediente man sich, mit den Worten des damaligen Geschäftsführers des Paritätischen Wohlfahrtsverbandes, einer „üblen statistischen Trickserei". Während vor der Reform die unteren 20 Prozent der Alleinstehenden einbezogen wurden, genügen jetzt die unteren 15 Prozent. Wäre man bei der alten Referenzgruppe geblieben, hätte der neue Regelbedarf 382 € betragen, und es wäre eine über viermal so große Erhöhung herausgekommen.

Nicht in den Regelbedarf eingerechnet sind seitdem Alkohol und Tabak, da diese reine Genussmittel und somit nicht existenzsichernd seien. Zuvor wurden dafür rund 20 € veranschlagt, davon 7,52 € für Alkohol. Das reicht für rund zwölf Liter billiges Bier. Damit jemand, der auf seine nicht ganz tägliche Halbe verzichten muss, trotzdem genug zu trinken bekommt, hat man den Mineralwassersatz im Gegenzug um 2,99 € pro Monat erhöht. Neu aufgenommen wurden außerdem die Kosten für einen Internetzugang. Es klingt danach, als seien die Bedarfssätze bis ins kleinste Detail mit höchster Sorgfalt ermittelt worden, aber das Ergebnis kann eben nur stimmen, wenn die Ausgangsdaten das messen, was sie messen sollen: das, was ein Mensch zum Leben braucht.

Weil Hartz-IV-Empfänger nicht in die Berechnung des Konsums mit aufgenommen werden, sind auch Hinzuverdiener nicht erfasst. Das sind diejenigen, denen das Leben in Hartz IV nicht genügt und die deshalb arbeiten, um ihre Einnahmen aufzustocken. Die Referenzgruppe für die Berechnung des Regelbedarfs besteht somit aus Personen, die wegen verdeckter Armut weniger Einkommen zur Verfügung haben können als Hartz-IV-Empfänger, während Hinzuverdiener ignoriert werden. Das ist ein Indiz dafür, dass mit der Berechnungsgrundlage etwas nicht stimmt.

Fraglich bleibt zudem, ob die Berechnung des Konsums der „Ärmsten der Armen" als repräsentativ gelten kann. Wer führt überhaupt drei Monate gewissenhaft Haushaltsbuch, um seine Ausgaben vollständig in der EVS angeben zu können? Wer hat jeden Einkauf beim Bäcker dokumentiert? Tun dies eher Rentner oder auch schlecht integrierte Migrantenfamilien?

Noch einmal also die Frage: Wie viel braucht ein Mensch zum Leben? Darum kümmert sich nicht nur das Sozialministerium, sondern auch das Finanzministerium. Beschäftigt eine Familie ein Au-Pair für die Kinderbetreuung, so werden für dessen Verpflegung monatliche Ausgaben von 229 € steuerlich anerkannt. Im Hartz-IV-Regelbedarf sind für Nahrungsmittel und alkoholfreie Getränke nur 128,60 € eingerechnet. Also gilt im Umkehrschluss, dass ein Au-Pair 100 € mehr für Essen und Trinken benötigt als ein Hartz-IV-Empfänger? Und wenn ein Au-pair mehr kosten darf als ein erwachsener Bedürftiger, was darf ein Kind kosten? Laut dem Internetportal familie.de werden im Mittel 5.616 € pro Jahr an Konsumausgaben für ein Kind bis sechs Jahre getätigt. Das sind immerhin 468 € monatlich. Für Hartz-IV-Kinder dieser Altersstufe wird ein gerade einmal halb so hoher Bedarf angesetzt.

Im Grunde steckt hinter all dem eine fragwürdige Annahme: Weil Menschen mit dem auskommen (müssen), was sie haben, heißt das nicht, dass es genug ist. Denn dafür müsste die Einkommens- und Verbrauchsstichprobe alles erfassen, was die Menschen in Deutschland durchschnittlich zum Leben haben. Das kann man wohl bezweifeln. Denn laut einer Studie des Instituts für angewandte Wirtschaftsforschung wurde im Jahr 2014 jeder achte Euro der Erwerbseinkommen durch Schwarzarbeit erwirtschaftet.

Je nach Modellrechnung arbeiten fünf bis zehn Millionen Deutsche schwarz, im Mittel 400 Stunden pro Jahr. Mit einem Stundenlohn von 10 € ergibt das zusätzliche 333 € pro Monat. Gut denkbar, dass unter den Schwarzarbeitern überwiegend Hartz-IV-Empfänger oder Menschen mit vergleichbar geringem Einkommen sind, weil diese es ja am nötigsten haben. Falls es so ist, leben diese Menschen von gut 730 € im Monat und nicht nur von knapp 400 €.

Mag sein, dass es keine besseren Daten gibt als diejenigen der Einkommens- und Verbrauchsstichprobe. Aber die Berechnung der Hartz-IV-Sätze besteht aus zwei Teilen: aus mehr oder weniger guten Daten und aus Annahmen und Entscheidungen, die mit den Daten wenig bis gar nichts zu tun haben. Nur weil der Wert, den diese Berechnung liefert, auf einer Statistik über amtliche Daten beruht, ist seine Bewertung – so viel braucht ein Mensch zum Leben – nicht automatisch richtig. Der Paritätische Wohlfahrtsverband forderte schon vor Jahren einen Satz von 420 €. Was das mehr kosten würde, hat das Institut für Arbeitsmarkt- und Berufsforschung berechnet. Nach heutigem Stand wären dies pro Jahr etwa 3 Mrd. €. Ob das Dilemma zu lösen ist, hängt letztlich wohl daran, was der Sozialstaat kosten darf.

Zum Nachlesen:

Becker, I.: Der Einfluss versteckter Armut auf das Grundsicherungsniveau. Arbeitspapier 309, Hans-Böckler-Stiftung, Düsseldorf, 2015.

Feil, M. und Wiemers, J.: Teure Vorschläge mit erheblichen Nebenwirkungen. IAB-Kurzbericht 11, Nürnberg, 2008.

Feld, L. und Schneider, F.: Survey on the shadow economy and undeclared earnings in OECD countries, 2010.

Schneider, F. und Boockmann, B.: Die Größe der Schattenwirtschaft – Methodik und Berechnungen für das Jahr 2015. Institut für angewandte Wirtschaftsforschung, Tübingen/Linz, 2015.

Institut der deutschen Wirtschaft: Lohnabstand muss gewahrt bleiben. IW-Nachrichten, 27.09.2010.

IG Metall: Neuregelung der Hartz-IV-Sätze – Zu wenig zum Leben, 05.09.2011.

3.5 Warum Schwermetall nicht reich macht

„Populäre Musikstile stehen oft in enger Beziehung zu den sozialen Umständen, unter denen sie entstanden sind", schreibt Richard Florida auf CityLab, einer Webseite des alteingesessenen Magazins „The Atlantic". Heavy Metal, so Florida, treibe hingegen seltsame Blüten – nicht bezogen auf die Musik an sich – Musikgeschmäcker sind ja bekanntlich verschieden –, sondern bezogen auf die Merkwürdigkeit, dass Heavy Metal Bands in wohlhabenden Nationen besonders zahlreich seien, obwohl Heavy Metal in ökonomisch schwachen Gegenden aus dem Boden gesprossen sei und bis heute eher zu den bevorzugten Musikstilen sozial benachteiligter Schichten gehöre.

Rein rechnerisch besteht tatsächlich ein Zusammenhang zwischen verschiedenen Wohlstandsindizes und der Zahl der Heavy-Metal-Bands pro 100.000 Einwohner. Genauer gesagt: Je mehr Metal-Bands es gibt, umso höher ist das Bruttoinlandsprodukt pro Kopf, umso höher ist der Anteil der Hochschulabsolventen an der erwachsenen Bevölkerung und umso höher liegt der Wert eines Landes beim Human Development Index. Doch der Heavy-Metal-Index ist trotz dieser objektiv messbaren Korrelation letztlich eine Frage des persönlichen Geschmacks.

Datenbasis des Indikators sind die Metal-Bands, die in der „Encyclopaedia Metallum" gelistet sind. Es handelt sich dabei um eine Webseite, die die größte und vollständigste Datenbank von Heavy-Metal-Bands aufbauen möchte. Dazu sollen die Leser der Seite Vorschläge einreichen. Die Betreiber der Seite formulieren jedoch eine Grundregel: Sie und nur sie entscheiden, welche Band aufgenommen wird, weil sie allein definieren, was „Metalness" ist und was nicht. Nun könnte man argumentieren, dass der Index so falsch nicht sein kann, wenn der Zusammenhang mit dem Wohlstand dennoch zutage tritt; oder anders ausgedrückt: Es handelt sich eben um Expertenwissen …

Zur datenjournalistischen Arbeit gehört es aber, die Ergebnisse zu hinterfragen und die Datenbank wenigstens stichprobenartig selbst auszuwerten. Die Berechnungsformel für den Index lautet einfach: Anzahl der Heavy-Metal-Bands, dividiert durch die Einwohnerzahl mal 100.000. Dabei kommen die ersten Widersprüche ans Tageslicht. Die „Encyclopaedia Metallum" enthält neben den noch aktiven Bands auch aufgelöste. Und das Beispiel Luxemburg lässt sich nur nachvollziehen, wenn alle, auch die nicht mehr existenten Bands, gezählt werden. Nur dann liegt der Indikator für Luxemburg beim Wert 13 und passt zu Mitteleuropa, so wie es die Weltkarte des Metal-Indikators in Abb. 3.4 ausweist. Ohne diese „Metal-Leichen" läge Luxemburg eher auf dem Niveau von Südamerika. Auch Norwegen stürze im Ranking weit ab, wenn man nur aktive Bands gelten ließe.

Man mag einwenden, dass das wenig ändere, solange Norwegen noch vor beispielsweise Sri Lanka rangiere. Allerdings müsste ein brauchbarer Indikator auch dann funktionieren, wenn man regional weiter in die Tiefe dringt,

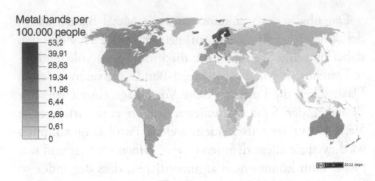

Abb. 3.4 Weltkarte der Heavy-Metal-Dichte

selbst wenn seine Unschärfe dann zunimmt. Allerdings stößt man irgendwann an eine musikalische Grenze: Metal-Bands sind nicht beliebig teilbar. So bedeuten etwa zehn Bands in einer Stadt mit zwanzig Bezirken nicht, dass eine halbe Band pro Bezirk anzutreffen ist, sondern bei gleichmäßiger Verteilung können zehn Bezirke je eine Band vorweisen und zehn Bezirke eben keine. Solche Messprobleme sind typisch für Merkmale, die auf sogenannten Absolutskalen erhoben wurden und nur in ganzen, nicht teilbaren Einheiten erfasst werden können.

Der Heavy-Metal-Index erweist sich als noch weitaus problembehafteter. Da werden die USA als Ganzes verglichen mit Kleinststaaten in Europa, obwohl die Metal-Dichte im Bible Belt, den stark religiös geprägten Südstaaten der USA, kaum vergleichbar sein dürfte mit derjenigen in Alaska, Neuengland oder Hawaii und stärker variiert als das jeweilige Wohlstandsniveau. Gleiches gilt für die unterschiedlichen Regionen in Deutschland. All das kann der Indikator nicht erfassen, weil er nicht genau genug misst. Eigentlich kann er nichts, was andere Indikatoren nicht wesentlich besser können.

Dieselbe Kritik lässt sich übertragen auf andere, ungewöhnliche Indikatoren, etwa den Rocklängen-Index, der besagt, dass es der Wirtschaft umso besser gehe, je kürzer die Röcke sind. Oder den Lippenstift-Index, der einen Zusammenhang zeigt zwischen Wirtschaftskrisen und der Anzahl verkaufter Lippenstifte. Sogar außerirdische Konstellationen werden manchmal herangezogen: Die Sonnenflecken-Theorie besagt, dass sich der Zyklus der Sonnenaktivität auf die Finanzmärkte auswirke. Langfristig verläuft der Sonnenzyklus parallel zur US-Inflationsrate, nicht jedoch zum Dow-Jones-Index, so dass man Investoren kaum raten kann, ihr Geld darauf zu verwetten. Selbst wenn sich also im Nachhinein Korrelationen wirtschaftlicher Entwicklungen mit Alltagsphänomenen nachweisen lassen, handelt es sich um ganz grobe Zusammenhänge, die – das ist der springende Punkt – viel zu ungenau sind für nützliche Vorhersagen.

Etabliert hat sich hingegen der Big-Mac-Index. Das Verhältnis der Preise von Big Macs in unterschiedlichen Ländern dient als Indikator für Inflation und Über- bzw. Unterbewertung von Währungen. Während er viele der oben genannten Probleme teilt, misst er mit einem weltweit überwiegend einheitlichen Produkt relativ gut das lokale Preisniveau. Dabei ist er weniger stark von offiziellen – oft politisch manipulierten – Kennzahlen abhängig als vergleichbare Indizes. Das bringt auch manchen manipulierenden Politiker auf neue Ideen: 2011 wurde Argentinien beschuldigt, die Preise für Big Macs künstlich niedrig zu halten, um die wahre Inflationsrate im Land zu vertuschen.

Im Nachhinein lassen sich schöne Erklärungen konstruieren, warum solche Indikatoren funktionieren, etwa weil in liberaleren und damit häufig wirtschaftlich erfolgreicheren

Gesellschaften auch ein Plätzchen für Metal-Bands sei oder weil Frauen, wenn sie sich sonst nichts Schönes leisten können, wenigstens Lippenstift benutzen wollen. Für Schlagzeilen mag das genügen. Solange solche Indikatoren jedoch nichts Neues erklären oder vorhersagen können, sind sie eine nette Spielerei, aber keine ernstzunehmende Statistik, egal in welche Theorien man sie hinterher kleidet. Und so sind auch Richard Floridas Ausführungen ein klassisches Beispiel für die Suche nach kausalen Zusammenhängen in Mustern, die womöglich nur der Zufall zum Blühen bringt.

Zum Nachlesen:

Encyclopaedia Metallum: www.metal-archives.com, o. J.

Florida, R.: How Heavy Metal Tracks the Wealth of Nations. CityLab, 26.05.2014.

Politi, D.: Argentina's Big Mac Attack, The New York Times, Latitude Blog, 24.11.2011.

3.6 Was Absolventen wollen

Gutes Arbeitsklima ist wichtig, Geld hingegen spielt eine immer geringere Rolle. Zu diesem Ergebnis kommen die Unternehmensberater von Kienbaum durch den Vergleich ihrer Absolventenstudien der Jahre 2007/08 und 2009/10. Doch was ist tatsächlich dran? Was wollen Absolventen wirklich? Ist die Vergütung nur noch nebensächlich? Beim Blick in die Pressemitteilung ist die Antwort scheinbar offensichtlich und entspricht dem, was Kienbaum berichtet. Mit einer Bedeutung von rund 78 Prozent ist die Vergütung in 2008 wichtiger als im Jahr 2010 mit 31 Prozent. Wer sich die Mühe macht, die Originalstudien mit Verstand zu lesen, der bemerkt: Der Vergleich hinkt ganz gewaltig.

Die Absolventenstudie im Jahr 2008 fragt gleich zu Beginn: „Welche Rolle spielen die folgenden Faktoren für Ihre Arbeitgeberwahl?" Insgesamt gibt es 16 Faktoren, die als wichtig oder unwichtig bewertet wurden. Zwei Jahre später startete die Befragung mit einem ganz anderen Thema. Die Teilnehmer sollten sich dazu äußern, welche Ziele und Werte in ihrem Leben wichtig seien. Auf den ersten drei Plätzen liegen Familie und Freunde (58 Prozent), Selbstverwirklichung (50 Prozent) und Gesundheit (46 Prozent). Reichtum strebt nur ein Prozent der Befragten an. Erst Frage zwei und drei thematisieren dann die Kriterien für die Arbeitgeberwahl. Zum Teil überschneiden sich die Antwortmöglichkeiten; Geld ist in Frage zwei eines von 13 möglichen Kriterien.

Wer ganz genau hinsieht, bemerkt etwas Wichtiges. Für das Jahr 2010 änderte sich die Fragestellung: „Welche Eigenschaften/Angebote sind für Sie ausschlaggebend bei der Entscheidung für einen Arbeitgeber?" lautet Frage zwei. In Frage drei sollen die Befragten dann auswählen, welche von 14, teilweise mit den eben schon genannten Möglichkeiten übereinstimmenden, „entscheidenden Kriterien Ihr Wunscharbeitgeber erfüllen sollte".

Auch unterscheiden sich die Antwortmöglichkeiten von den früheren oder sind zumindest unterschiedlich formuliert. 2008 wird besonders die Bedeutung von Unternehmensmerkmalen wie „Großer Konzern", „hohe Internationalität" oder „Standort in Ballungszentrum" erfragt. 2010 liegt ein stärkerer Fokus auf dem Arbeitsklima: „Kollegiale Arbeitsatmosphäre", „Ethische Prinzipien" und „Work-Life-

Balance" sind dort in verschiedenen Varianten als Alternativen genannt.

Dass das harmlose Wort „ausschlaggebend" auch ausschlaggebend für das Antwortverhalten der Studienteilnehmer war, lässt sich rasch nachweisen. Für die Faktoren, die man über beide Jahre hinweg vergleichen kann und die in Abb. 3.5 dargestellt sind, lag die Zustimmung im Jahr 2010

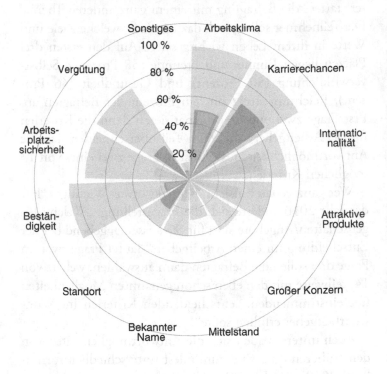

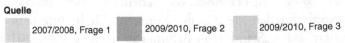

Abb. 3.5 Zustimmung zu den Kriterien der Arbeitgeberwahl

durchschnittlich um 62 Prozent unter der Zustimmung im Jahr 2008, wobei die Spannweite von 24 bis 93 Prozent weniger Zustimmung reicht. (Dem statistisch bewanderten Leser ist nicht entgangen, dass die gewählte Darstellung den Unterschied übertrieben darstellt, da das Auge die Proportionen der Flächen wahrnimmt und nicht diejenige der Höhen.) Orientiert man sich rein an den Zahlen, so ist kein einziges Kriterium wichtiger geworden, aber alle wurden erheblich unwichtiger. Offensichtlich wurde die Frage so massiv verändert, dass ein Vergleich anhand der Prozentzahlen grober Unfug ist.

So ist ein Faktor, der in beiden Befragungen angeboten wird – „Internationalität" – 2008 noch 71 Prozent der Befragten wichtig und zwei Jahre später nur für 54 Prozent ausschlaggebend. Es gibt somit starke Hinweise darauf, dass unterschiedliche Antworten weitgehend durch unterschiedliche Fragestellungen erklärt werden können.

Trotzdem eine gute Nachricht: Statistiker können in gewissem Maße Vergleichbarkeit herstellen. Die Vergütung taucht 2008 als eines von 16 Kriterien in Frage eins auf, zwei Jahre später als eines von 13 Kriterien in Frage zwei. Zuerst liegt der Faktor Gehalt auf Platz sechs, dann auf Platz vier. Umgerechnet auf eine Skala von 0 (ganz unwichtig) bis 100 (unverzichtbar) ergibt das einen Punktwert von zuerst 67 und in der späteren Befragung von 75. Die Rangfolge lässt also nicht gerade annehmen, dass die Vergütung bei den Absolventen an Bedeutung verliert. Im Gegenteil, bei einer einheitlichen Skalierung spielt das Geld sogar eine wichtigere Rolle.

Ein weiteres Indiz dafür, dass ein direkter Vergleich zwischen den beiden Studien problematisch ist, zeigt sich bei der Betrachtung der befragten Stichprobe. Laut Statistischem Bundesamt studierten im Jahr 2009 in Deutschland 20 Prozent der Studierenden Ingenieurswissenschaften und 16 Prozent Wirtschaftswissenschaften im engeren Sinn. Die Daten der Kienbaum-Studien wurden auf einem Absolventenkongress in Köln erhoben. 2008 waren dabei unter den 555 befragten Personen 60 Prozent Wirtschaftswissenschaftler und 5 Prozent Ingenieure. Für die Absolventenstudie des Jahres 2010 wurden nur 353 Studierende befragt, darunter 64 Prozent Wirtschaftswissenschaftler und 7 Prozent Ingenieure. Es hat sich also nicht nur die Fragestellung geändert, sondern auch die Zusammensetzung der befragten Absolventen. Die Studie liefert damit höchstens eine Aussage über die Besucher des Absolventenkongresses, die man nicht auf alle Absolventen übertragen kann.

Insgesamt zieht die Pressemitteilung nicht nur Vergleiche, die aus statistischer Sicht absurd sind. Auch die Stichprobe wurde auf eine Grundgesamtheit hochgerechnet, die sie gar nicht repräsentiert. Der Vergleich der Kienbaum-Absolventenstudien oder, besser gesagt, Absolventenkongressbesucherstudien liefert somit ein wunderbares Beispiel für den Satz „Glaube keiner Statistik, die du nicht selbst gefälscht hast". Aber sie zeigt auch, wie einfach es manchmal ist, die Wahrheit herauszufinden, indem man nicht nur Pressemitteilungen liest, sondern auch die Originalstudien – und das mit ein wenig gesundem Menschenverstand.

Zum Nachlesen:

Kienbaum: Absolventenstudie 2007/08. Gummersbach, 2008.

Kienbaum: Absolventenstudie 2009/10. Gummersbach, 2010.

Kienbaum: Arbeitgeberwahl: Geld ist nicht mehr so wichtig. Pressemitteilung 7/2010.

Krämer, W.: Statistik verstehen. Eine Gebrauchsanweisung. München, Piper, 9. Aufl., 2010.

3.7 Warum Frauen Vorstände verlassen

Im März 2015 war es endlich soweit – das Gesetz zur Frauenquote wurde verabschiedet. Bei den vorangegangenen Diskussionen sahen sich Frauenquotengegner insbesondere durch eine Studie von Simon Kucher & Partners bestätigt. Diese ergab, dass die durchschnittliche Verweildauer von Frauen in Vorständen bei drei Jahren liegt, während die Männer im Mittel acht Jahre bleiben, also fast dreimal so lange. „Da war dann offensichtlich manchmal das Geschlecht wichtiger als die beste fachliche Eignung", erklärt der Co-Studienautor Christoph Lesch dieses Phänomen. Was steckt wirklich dahinter?

Für die im Jahr 2014 erschienene Studie wurden die Vorstände in den DAX-30-Unternehmen betrachtet, beginnend mit dem Jahr 2000. Anschließend folgte eine Analyse der Verweildauer je Geschlecht und die war laut der Studie bei den Frauen eben deutlich kürzer. Angenommen, das sei statistisch alles korrekt: Warum schaffen es Frauen seltener als Männer, einen einmal ergatterten Vorstandsposten zu behalten? Die Wirtschaftsprüfungsgesellschaft KPMG schlussfolgerte aus einer Befragung, dass es dafür einen „Mann plus" brauche – eine Frau mit dem gleichen Profil wie bei einem Mann und mit zudem typisch weiblichen Kompetenzen. Dabei gebe es nicht einmal genug geeignete Frauen, selbst wenn man auf den Plus-Faktor verzichte. „Wegen des öffentlichen Drucks versuchen Unternehmen zunehmend, Frauen in sichtbare Top-Positionen zu bringen. Oft sind das Quereinsteigerinnen, die schnell Karriere gemacht haben", schreibt die Süddeutsche Zeitung.

Auch Thomas Sattelberger, Ex-Personalvorstand der Deutschen Telekom, unterstellt: „Jeder Statistiker weiß, dass systematisch irgendetwas schief läuft, wenn 8 von insgesamt 17 weiblichen Vorständen nach nicht einmal der Hälfte ihrer Vorstandsperiode ausscheiden." Jeder Statistiker weiß zunächst einmal, dass Frauen kaum die durchschnittliche männliche Verweildauer von acht Jahren erreichen können, wenn erst seit sieben Jahren nennenswerte Anzahlen von Frauen in Vorstände berufen wurden, wie es zum Zeitpunkt der Studie der Fall war. Vor Bettina von Oesterreich gab es nur vereinzelt weibliche Gastspiele. Im Jahr 2007 war unter insgesamt 194 Vorständen eine Frau, das entspricht einer Quote von 0,5 Prozent. Für statistische Analysen reicht das nicht.

Anstatt Männer, die schon lange in Vorständen sind, mit Frauen, die neu hinzukamen, zu vergleichen, kann man sich auf die seit dem 1. Januar 2007 neu berufenen Vorstände konzentrieren. Alle Daten stammen aus den veröffentlichten Geschäftsberichten der Unternehmen. Ausgeschiedene Männer in dieser Gruppe waren im Mittel 3,2 Jahre aktiv, ausgeschiedene Frauen durchschnittlich 2,7 Jahre. Die Differenz liegt gerade einmal bei einem halben Jahr und nicht wie behauptet bei fünf Jahren.

Aufgrund der geringen Fallzahl weiblicher Vorstände sind die Unsicherheiten allerdings hoch. Insgesamt umfasst die Stichprobe 209 Männer und 24 Frauen. Um bei einer so niedrigen Zahl einigermaßen belastbare Ergebnisse zu erhalten, sollte man nicht nur die ausgeschiedenen Frauen betrachten, sondern auch die noch aktiven einbeziehen. Aktive Mitglieder werden bei derartigen Studien oft mit zu kurzen Zeiträumen berücksichtigt, da ihre tatsächliche Verweildauer noch nicht bekannt ist – dabei spricht man von zensierten Daten. Da die Zahl der Frauen aber erst in den letzten Jahren zugenommen hat, sind sie stärker von der Zensur betroffen als Männer, was die Ergebnisse verfälscht. Um diese Verzerrung herauszurechnen, gibt es statistische Methoden wie die sogenannte Cox-Regression.

Die Anwendung der Cox-Regression liefert für alle Frauen und Männer, die seit Januar 2007 in DAX-Vorstände berufen wurden, eine signifikant längere Verweildauer von Männern. Das bedeutet, Männer halten, statistisch gesehen, länger durch. Ist die Ursache jedoch tatsächlich im Geschlecht zu finden? Oder spielen vielmehr andere Faktoren eine Rolle, die nur bei Frauen häufiger auftreten als bei Männern? Um zu gewährleisten, dass tatsächlich das Geschlecht ausschlaggebend für das Scheitern ist, müssen weitere mögliche Einflüsse ausgeschlossen werden.

Die Süddeutsche Zeitung spricht einen Faktor des Scheiterns bereits an, nämlich den Quereinstieg. Es besteht ein statistischer Zusammenhang zwischen der Erfahrung im Unternehmen und der Verweildauer im Vorstand. Vorstände, die von extern ins Unternehmen berufen wurden, schieden im Betrachtungszeitraum häufiger wieder aus als intern berufene. Zugleich wagten rund 60 Prozent der Frauen den Quereinstieg, aber nur rund 40 Prozent der Männer.

Simone Menne, Finanzvorstand der Lufthansa, nennt gegenüber der „Welt" ein weiteres Ausscheidekriterium: „Das Personalressort ist das schwierigste Ressort überhaupt." Auch diese Aussage lässt sich anhand der Daten belegen. Die mittlere Verweildauer von ehemaligen Personalvorständen lag bei 3,3 Jahren, während die Vorstände anderer Ressorts im Mittel nach 3,6 Jahren ausschieden. Eine Tendenz zum „Ausscheidekriterium Personalressort" ist somit gegeben. Doch wie hängt dies mit dem Scheitern der Frauen zusammen? Ganz einfach: Rund 50 Prozent der weiblichen Vorstände verantworten dieses Ressort, aber nur rund zehn Prozent der männlichen.

Alter und Ausbildung, so belegten die Daten, haben hingegen keinen Einfluss auf die Verweilchancen im Vorstand. Das widerspricht der Vermutung der Süddeutschen Zeitung, dass gescheiterte Frauen über ihre Turbo-Karrieren gestolpert seien.

Besonders spannend ist die Frage, ob es eine Wechselwirkung von Quereinstieg und Personalressort gibt. Tatsächlich lässt sich nachweisen, dass gerade die Kombination aus Personalressort und Quereinstieg oft „tödlich" verläuft, für Männer genauso wie für Frauen. Unter den weiblichen Personalvorständen finden sich fast 70 Prozent Quereinsteiger, unter den männlichen kommen nur rund 20 Prozent von extern. Ausgeschiedene Personalvorstände stammten zu rund 60 Prozent aus externen Unternehmen, während bei den weiterhin Aktiven nur 20 Prozent von extern kamen. Offenbar spielt die Erfahrung im Unternehmen eine Rolle für den weiteren Verlauf speziell der Personalvorstandskarriere, wie Abb. 3.6 verdeutlicht.

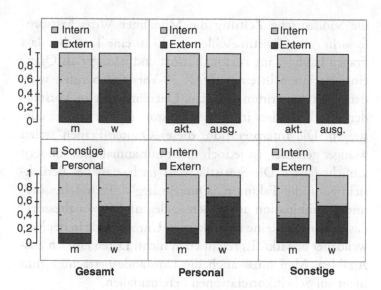

Abb. 3.6 Frauen und Männer in Vorständen nach Herkunft und Ressort

Das bedeutet letztlich, dass das Geschlecht von Vorständen mit ihrer Herkunft und dem Ressort korreliert, das sie besetzen. Dummerweise ziehen Frauen dabei den Kürzeren.

Eine alleinige Betrachtung der Verweildauern ohne Berücksichtigung der Umstände genügt somit nicht. Was wäre nun, wenn Männer und Frauen die gleichen Voraussetzungen hätten? Mit einer Cox-Regression, die auch den Quereinstieg und das Ressort sowie die Wechselwirkung zwischen beiden berücksichtigt, kann man das Modell um diese Faktoren bereinigen. Und dann stellt man fest: Der verbleibende Unterschied zwischen den Verweildauern von Männern und Frauen ist nicht signifikant.

„Häufig würden Frauen eilig von außen ins Unternehmen geholt, um bestimmte Quoten zu erreichen", zitiert

die Süddeutsche Zeitung die Münchner Wirtschaftspro-
fessorin Ann-Christin Achleitner. Es ist eine Tatsache, dass
Frauen häufiger ins Personalressort und häufiger als Quereinsteigerinnen in einen DAX-30-Vorstand berufen wurden. Genauso stimmt es, dass Quereinsteiger in Vorständen und besonders im Personalressort rascher wieder aus-
steigen. Die Interpretation, diese „Quoten-Frauen" seien
weniger geeignet, ist jedoch nicht nur anmaßend, sondern
schlicht falsch. Die Statistik weist nach, dass bei Berücksichtigung der Faktoren „Quereinstieg", „Personalressort"
und „Kombination aus Quereinstieg und Personalressort"
das Geschlecht keine signifikanten Unterschiede in der Verweildauer bewirkt. Es reicht eben nicht, Daten einfach aus-
zuzählen. Man muss auch die Umstände betrachten, um
nicht auf Scheinkorrelationen hereinzufallen.

*Dieser Text beruht auf einem Vortrag der Autorin bei FidAR
e. V. in Berlin am 21.11.2014.*

Zum Nachlesen:

Bücheman, K. H. und Busse, C.: Schneller Aufstieg, plötz-
licher Abgang. Süddeutsche Zeitung, 08.07.2014.

N.N.: „Auch als Finanzvorstand muss man kreativ sein".
Interview mit Simone Menne. Die Welt, 14.11.2014.

KMPG: Frauen in Aufsichtsrat und Vorstand – KPMG
fragt nach. Diskussionspapier Frauenquote 2014.

Sattelberger, T.: Wenn Frauen scheitern, ist das ein Privat-
problem. Süddeutsche Zeitung, 19.08.2014.

Simon Kucher & Partners: Rückschlag bei Frauenquote in
DAX-Vorständen, 14.07.2014.

4
Wissen und Technik

4.1 Wie man Forschung fälscht

Betrug und Fälschung in der Wissenschaft scheinen sich zu häufen, wenn Forscher unter Publikationsdruck stehen. In Disziplinen, die mit greifbaren Objekten arbeiten, werden dann wissenschaftliche Fundstücke an sich manipuliert. Bei den Archäologen fallen darunter zusammengeklebte Knochen, bei den Historikern sind es auf alt getrimmte Akten. In den Geisteswissenschaften und bei Juristen wird eher plagiiert. Aus Sicht eines Statistikers sind die Naturwissenschaften und die Medizin dabei am ergiebigsten. In solchen Fächern werden Experimente gemacht, und bei Experimenten fallen Daten an. Daten kann man erfinden, manipulieren oder unter den Tisch fallen lassen. Zudem ist es in gewissen Grenzen möglich, die statistischen Analyseverfahren so auszuwählen, dass am Ende ein signifikantes Ergebnis erzielt wird, ohne dass es sich dabei schon um eine echte Fälschung handelt.

Signifikanz spielt für die empirische Forschung eine erhebliche Rolle. Experimentell arbeitende Wissenschaftler stellen Forschungshypothesen auf. Dann erheben oder messen sie Daten und testen sie auf Signifikanz. Das Ergebnis ist eine Aussage darüber, ob eine Hypothese – z. B. „Rauchen verursacht Krebs" – angenommen werden kann oder nicht. Problematisch daran ist, dass die Hypothese formuliert werden muss, bevor die Datenerhebung beginnt. Nur dann ist eine konfirmatorische, eine Hypothese bestätigende statistische Analyse möglich, und die Ergebnisse sind belastbar.

Im Gegensatz dazu steht die explorative, Hypothesen generierende Analyse. Sie sucht in Daten nach Mustern, die zuvor noch nicht beschrieben wurden. Auch das ist erlaubt, aber das Problem dabei ist: Wer lange genug sucht, findet immer irgendetwas.

Schließlich bietet ein umfangreicher Patientendatensatz Hunderte Merkmale von jedem Teilnehmer. Dies erlaubt Tausende, Millionen, oft Milliarden möglicher Hypothesen. Haben Krebspatienten besonders oft Tomaten gegessen? Schon ist eine Studie geschrieben. Zeigt sich kein Zusammenhang mit Tomaten, aber mit der Länge der Zehennägel? Zumindest für eine Schlagzeile reicht das allemal. Wenn sich bei Krebs nichts finden lässt, dann vielleicht bei Herzinfarkt, AIDS oder auch nur Pickeln. Das übliche Signifikanzniveau von fünf Prozent heißt nur: In höchstens einem von 20 Fällen tritt ein derartiges Ergebnis durch Zufall auf. Testet man 100 Hypothesen, so erwartet man fünf „signifikante" Ergebnisse, selbst wenn keine der Hypothesen stimmt.

Wer Hypothesen formuliert, nachdem er die Daten bereits analysiert hat, belegt damit gar nichts. Ohne ein Bestätigungsexperiment, in dem geprüft wird, ob sich exakt dieselben Muster in neuen Daten wieder entdecken lassen, haben die Resultate keinen Bestand. Man spricht davon, dass sich Untersuchungen replizieren lassen müssen. Dies wird zugunsten einer größeren Zahl publizierter Artikel aber gerne unterlassen.

Entsprechend häufig finden nachträgliche Eingriffe statt. Im Jahr 2007 hat ein Forscherteam in Liverpool die Protokolle medizinischer Studien untersucht. Je nach Fachbereich stellten sie für 40 bis 62 Prozent der Studien fest, dass mindestens ein primärer Endpunkt verändert oder entfernt und somit das Untersuchungsziel erheblich verschoben wurde. Es liegt nahe zu vermuten, dass in diesen Fällen eben die ursprüngliche Hypothese nicht durch signifikante Ergebnisse belegt werden konnte.

Um in der Wissenschaft Karriere zu machen, ist es notwendig, möglichst oft in einflussreichen Zeitschriften publiziert und zitiert zu werden. Gerade dort werden jedoch Artikel, die nur aussagen, dass man nichts Neues entdeckt hat, so gut wie nie zur Publikation angenommen.

Man kann sich das ungefähr so vorstellen wie beim Lotto. Die Wahrscheinlichkeit für einen Sechser ist minimal. Aber weil Millionen Menschen spielen, gibt es doch fast jede Woche Sechser. Und wie die Medien gerne über den Gewinner des Jackpots berichten, aber nicht über die Millionen Verlierer, neigt auch die Wissenschaft dazu, „erfolgreiche" Studien mit signifikanten Ergebnissen eher zu publizieren als solche, die nichts finden.

Diese Neigung kann sich aber als fatal erweisen: Was soll man tun, wenn sich der neue Wirkstoff als nicht wirksam erweist? Bevor man eine Studie über etwas Wirkungsloses schreibt, die keine Zeitschrift annimmt, widmet man sich lieber einer neuen Studie. Damit entsteht in Summe ein falsches Bild, das sogenannte Publikations-Bias. Verzerrt

(„biased") ist dabei die Datenlage, die in wissenschaftlichen Veröffentlichungen dargestellt wird. Schon vor gut zwanzig Jahren zeigten britische Forscher, dass Studien mit signifikanten Ergebnissen eine mehr als doppelt so hohe Chance hatten, publiziert zu werden. Dieser Zusammenhang wird von einer ganzen Reihe neuerer Untersuchungen gestützt. Auch ist nachgewiesen, dass Studien mit signifikanten Ergebnissen nicht nur häufiger, sondern zugleich schneller veröffentlicht werden.

Womöglich bieten nicht alle Disziplinen gleich große Spielräume für eine kreative Datenkosmetik. Wird in den „weichen" Disziplinen mehr nachgeholfen? Eine Befragung von über 2.000 Psychologen in den USA zeichnet zumindest ein bedenkliches Bild von der Belastbarkeit ihrer Erkenntnisse. 70 Prozent von ihnen räumten ein, schon einmal unpassende Ergebnisse ignoriert oder die Stichprobe so lange vergrößert zu haben, bis das gewünschte Ergebnis vorlag.

Eine andere Studie untersuchte anhand von Aufsätzen aus zwanzig Disziplinen, wie oft die dort genannten Hypothesen bestätigt wurden. Dabei wurde vermutet, dass die Vertreter „weicher" Fächer mehr Möglichkeiten hatten, an ihrer Methodik zu feilen, bis die Wirklichkeit zur Wunschvorstellung passte. Aufgrund dessen sollten in Aufsätzen aus Fächern wie der Soziologie oder der Psychologie mehr bestätigte Hypothesen zu finden sein.

Tatsächlich bestätigten in 70 Prozent der weltraumwissenschaftlichen Aufsätze die Daten die jeweilige Forschungshypothese, verglichen mit 92 Prozent der psychologischen Aufsätze. Innerhalb der Spannweite zwischen Weltraumwissenschaft und Psychologie ließ sich kein Trend von den „harten" zu den „weichen" Fächern feststellen. Die Erklärung, dass Psychologen mehr manipulieren, weil sie es leichter können, ist jedoch zu kurz gegriffen. Bei chemischen Experimenten handelt es sich häufig um eine klare Ja-Nein-Entscheidung. Entweder die Reaktion funktioniert oder nicht. Psychologen untersuchen häufig Tendenzen, die sich schwer definieren, messen und kontrollieren lassen, etwa dass wenig Licht Depressionen begünstigt.

Doch man kann Ergebnisse auch schöner machen, ohne sie gleich zu fälschen. Will man etwa untersuchen, ob eine Diätpille wirkt, so testet man, ob sich die Gewichtsveränderungen in einer Gruppe, die die Pille nimmt, von denen in einer Kontrollgruppe signifikant unterscheiden. Damit würde „Wirkung" einschließen, dass die Pille das Gewicht auch erhöhen kann. Also bietet es sich an, nur zu untersuchen, ob die Pille das Gewicht senkt. Ob etwaige Gewichtsveränderungen nach oben, die in der Versuchsgruppe auftreten, reiner Zufall sind oder nicht, ist für den statistischen Test dann nicht von Bedeutung. Derartige Hypothesen nennt man „gerichtet". In vielen Grenzfällen, in denen die Daten eine ungerichtete Hypothese noch nicht bestätigen, tun sie es für eine passend gerichtete Hypothese. Deshalb können sie ein Indiz dafür sein, dass ein solcher Grenzfall vorlag. Politikwissenschaftler der Universität Yale stellten bei einer Durchsicht ihrer Fachzeitschriften fest, dass dort auffällig häufig gerichtete Hypothesen auftraten. Dieses Vorgehen ist zwar nicht falsch, aber es hat einen Beigeschmack.

Wenn man Studien gründlich liest und nicht nur die Zusammenfassungen oder gar die Pressemitteilungen der Universitäten, kann man derartige Statistik-Tricks auch entdecken. Das ist ein guter Grund, zumindest keiner Statistik zu glauben, die man nicht selbst geprüft hat.

Zum Nachlesen:

Dickersin, K. et al.: Publication bias and clinical trials. Controlled clinical trials, S. 343–353, 1987.

Dwan, K. et al.: Systematic review of the empirical evidence of study publication bias and outcome reporting bias. PloS one 3(8), e3081, 2008.

Easterbrook, P. J. et al.: Publication bias in clinical research. The Lancet 337(8746), S. 867–872, 1991.

Fanelli, D.: „Positive" results increase down the hierarchy of the sciences. PloS one 5(4), e10068, 2010.

Gerber, A. S. et al.: Publication bias in two political behavior literatures. American Politics Research 38(4), S. 591–613, 2010.

John, L. K. et al.: Measuring the prevalence of questionable research practices with incentives for truth telling. Psychological science 23(5), S. 524–532, 2012.

Stern, J. M. und Simes, R. J.: Publication bias: evidence of delayed publication in a cohort study of clinical research projects. British Medical Journal 315(7109), S. 640–645, 1997.

4.2 Wann Waschmaschinen kaputt gehen

„Diese Nachricht zerstört sich in wenigen Sekunden von selbst!" Was bei Inspector Gadget noch ausgesprochen witzig wirkt, verliert rasch an Charme, wenn der Handy-Bildschirm plötzlich blinkt und seinen Dienst versagt. Seit März 2015 sagt Frankreich diesem Ärgernis den Kampf an. Strafzahlungen bis zu 15.000 Euro drohen den Herstellern zwar bislang nur, falls sie den Verbraucher nicht darüber informieren, wie lange Ersatzteile zu den von ihm erworbenen Produkten erhältlich sein werden. In Kürze soll jedoch allgemein das Herstellen von Geräten mit „absichtlich verkürzter Lebensdauer", der sogenannten Planned Obsolescence, unter Strafe gestellt werden. Wegwerfprodukte, die sich wenige Wochen nach dem Kauf unter mysteriösen Umständen selbst zerlegen oder so schlecht konstruiert sind, dass sie bald kaputt gehen müssen, damit der Kunde gleich ein neues kauft, sollen dann niemanden mehr zur Weißglut treiben.

Warum ein Gerät ausfällt, kann ein Statistiker nicht erklären. Dafür braucht es Ingenieure. Statistiker können modellieren, wann der Ausfall eintritt. Dafür eignen sich verschiedene Verteilungsmodelle. Das populärste Modell wurde in den 1920er Jahren vom französischen Mathematiker Maurice René Fréchet aufgestellt. (Seine Verteilung ist zwar nach dem Ingenieur Waloddi Weibull benannt, der ihre Anwendung rund 25 Jahre später ausführlich beschrieb, aber es gibt außerdem eine Fréchet-Verteilung, die mit der Weibull-Verteilung in enger Beziehung steht.) Die

Weibull-Verteilung eignet sich ausgezeichnet, um die Ausfälle elektronischer Baugruppen sowie die der vielen anfälligen Kleinteile darzustellen, die typischerweise ständig kaputt gehen, denn sie kann die drei wesentlichen Fehlerarten flexibel abbilden.

Die erste Fehlerart lässt sich als „Säuglingssterblichkeit" charakterisieren. Sie beschreibt versteckte Produktionsfehler und vergleichbare Defekte, die dazu führen, dass manche Bauteile frühzeitig versagen. Solche Fehler nehmen mit dem Alter des Geräts immer weiter ab. Die zweite Fehlerart, „Altersschwäche", betrifft Defekte, die durch den kontinuierlichen Gebrauch eines Produkts im Lauf der Zeit auftreten. Mit zunehmendem Alter steigt auch die Wahrscheinlichkeit für einen Defekt weiter an. Schließlich bleibt als dritte Fehlerart die „Allgemeine Mortalität". Es handelt sich dabei um zufällige Defekte, die jederzeit auftreten können und nicht vom Alter des Produkts abhängen, wie etwa Überspannungsschäden durch einen Blitzschlag. Abbildung 4.1 zeigt, dass sich durch eine geeignete Wahl des Parameters λ (lambda) unterschiedliche Fehlerarten abbilden lassen. Je größer λ ist, umso mehr verschiebt sich der Fehlertyp von der „Säuglingssterblichkeit" zur „Altersschwäche".

In der Realität überlagern sich die drei Fehlerarten häufig, aber die jeweilige Wahrscheinlichkeit ist eng mit der Art des Produkts verknüpft. Beispielsweise kann ein Massivholzstuhl Generationen überdauern, falls nicht bei seiner Produktion wurmstichiges oder morsches Holz zum Einsatz kam. Aber Verschleißteile müssen nach einer gewissen Zeit ersetzt werden, etwa die Dichtungsringe in einer Espressomaschine. Das Verhalten der einzelnen Teile und ihres Zusammenwirkens lässt sich jedoch modellieren, so

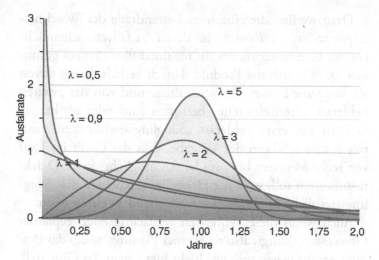

Abb. 4.1 Weibull-Verteilung für verschiedene Werte von λ

dass man daraus berechnen kann, wann der Ausfall eines Produkts besonders wahrscheinlich ist.

Solche Überlegungen stellt auch der Hersteller eines Elektrogeräts, etwa einer Waschmaschine, an. Ihm ist bekannt, dass er aufgrund der gesetzlich verankerten Herstellergarantie bei Defekten in den ersten sechs Monaten nahezu immer die Kosten der Reparatur tragen muss, meist sogar in den ersten beiden Jahren – zumindest aus Kulanz. Unter Umständen hat er eine längere Garantie zugesagt, was etwa bei Autos nicht unüblich ist. Man kann nie alle Fehler ausschließen, aber aus Herstellersicht sollten in dieser Zeit nur wenige, z. B. nicht mehr als fünf Prozent, der Geräte ausfallen, damit die Kosten der Garantie und Gewährleistung nicht den Gewinn übersteigen.

Dazu werden die einzelnen Bestandteile der Waschmaschine so lange verbessert, bis deren Ausfallwahrscheinlichkeit im Garantiezeitraum auf maximal fünf Prozent gesunken ist. Wie sich das Produkt danach verhält, hängt davon ab, wie viele Bauteile Verschleißteile und von der zweiten Fehlerart „Altersschwäche" betroffen sind oder ob hauptsächlich die erste Fehlerart „Säuglingssterblichkeit" auftreten kann. Wegen der Vorgabe, dass das Gerät im Lauf von sechs Monaten bis zwei Jahren möglichst keine Defekte aufweisen soll, wird der Hersteller versuchen, die „Säuglingssterblichkeit" möglichst weitgehend zu eliminieren.

Auch wenn dieses Vorgehen verdächtig nach geplanter Obsoleszenz klingt, also nach einer Planung, wann das Produkt kaputt gehen soll, geschieht hier genau das Gegenteil. Vielmehr plant der Hersteller, wie lange sein Produkt mindestens funktionieren muss. Nur ist ihm – und das ist sein gutes Recht – ziemlich gleichgültig, was danach passiert. Es besteht eben keine Motivation, ein paar Cent mehr in länger haltbare Produkte zu investieren, weil der Kunde häufig nicht bereit ist, dafür zu bezahlen.

Die Wahrnehmung, das alles sei geplanter Verschleiß und beabsichtigte Billigkonstruktion, um Kunden zu einem baldigen Neukauf zu bewegen, ist ein exzellentes Beispiel für Daniel Kahnemans Beobachtung, dass wir Menschen häufig Einzelbeobachtungen, die nicht repräsentativ sind, überbewerten und das Fehlen anderer, für den Sachverhalt relevanter Beobachtungen systematisch ausblenden. Dieses Ausblenden geschieht besonders gerne, wenn andere Beobachtungen der persönlichen Überzeugung widersprechen, wie der amerikanische Psychologe Leon Festinger bereits in den 1950er Jahren festgestellt hat.

Es ist nicht damit getan, drei Cent in bessere Schrauben für einen Mixer zu investieren, um zu verhindern, dass sie nach einem Jahr ausleiern – auch wenn genau das beim eigenen Mixer passiert ist. Denn bei jedem Produkt fällt ein anderes Bauteil aus. Um alle billigen Teile durch höherwertige zu ersetzen, ist eine größere Summe nötig. Ob es sinnvoll wäre, für die Herstellung von drei Smoothies im Jahr einen Mixer eines Premiumherstellers zu kaufen – mit wahrscheinlich besserer Konstruktion, längerer Garantie und mehr Kulanz beim Austausch – steht auf einem anderen Blatt.

Selbst kleine Geräte bestehen heute aus Hunderten, wenn nicht Tausenden von Teilen; zugleich sollen sie klein sein, leicht, innovativ und ein schickes Design aufweisen. Bei ständigen Neukonstruktionen ist auch dem Premiumhersteller häufig nicht klar, was zuerst kaputt gehen wird und demzufolge verstärkt werden sollte. Und ob sich das für den Hersteller überhaupt lohnt, ist genauso wenig erwiesen. Für den Verbraucher wäre es dank Internet leicht herauszufinden, welche Produkte lange halten, aber die meisten Zugriffe verzeichnen eben doch die Preisportale.

Auch der Gedanke, dass die Hersteller absichtlich den Austausch von Bauteilen erschweren oder gar unmöglich machen, um Reparaturen zu verhindern, ist bei genauerer Betrachtung ein Trugschluss aufgrund ausgeblendeter Informationen. Im iPhone sind die Batterien fest verbaut, was vielen Käufern Anlass zur Klage bietet. Aber die Konkurrenzprodukte von Samsung oder Nokia besitzen austauschbare Akkus. Offenbar war dieses Kriterium zum Zeitpunkt des Kaufes nicht entscheidend, obwohl die entsprechende Information verfügbar gewesen wäre; erst im Nachhinein kommt es zu einer Neubewertung, die oft nicht vom Kauf des nächsten iPhones abhält. Viele Käufe sind in dem Moment, da sie getätigt werden, von der Mode bestimmt. Man möchte sich im Freundeskreis nicht blamieren mit einem Handy, das mehr als zwei Jahre alt ist, wenn andere von den neuesten technischen Details schwärmen.

So mag es umweltschädlich sein, Produkte nach nur einjährigem Gebrauch in die Tonne zu werfen. Es wäre allerdings noch viel umweltschädlicher, Produkte, die für einen jahrzehntelangen Gebrauch konstruiert sind, nach einem Jahr zu entsorgen, weil sie nicht mehr der neuesten Mode oder dem neuesten technischen Stand entsprechen.

Man mag einwenden, dass es bei der Waschmaschine keineswegs genauso laufen muss wie beim Smartphone. Die wenigsten Menschen halten Dinner-Partys in ihrer Waschküche ab, um dort ihren neuesten Vollautomaten mit Kaschmir- und Funktionswäscheprogramm zu präsentieren. Nun sind die Platinen in modernen Waschmaschinen verklebt, so dass man sie nicht austauschen kann. Denn Waschmaschinen schleudern. Eine verklebte Platine hält das länger aus als eine verschraubte zum gleichen Preis. Falls die Platine der Waschmaschine nach fünf Jahren ausfällt, gibt es neuere Modelle für 250 € in einschlägigen Fachgeschäften zu kaufen. Bei Maschinen mit austauschbaren Platinen könnte man einen Monteur rufen, der 40 € für die Anfahrt verlangt, weitere 40 € für die Arbeitszeit und 30 € für das Ersatzteil. Für 130 € bekommt man damit eine Waschmaschine, die – mit Ausnahme der neuen Platine – aus fünf Jahre alten Teilen besteht, von denen nach aller Wahrscheinlichkeit in absehbarer Zeit das nächste ausfallen wird.

Selbst wenn man sich an die letzte Waschmaschine aus der „guten alten Zeit" erinnert, die 15 Jahre lang solide gewaschen und geschleudert hat, bleibt es wieder bei einer Anekdote. Auch im Jahr 1950 gab es schon Montagsgeräte. Und eine 15 Jahre alte Maschine verbraucht so viel Strom und Wasser, dass es für Geldbeutel und Umwelt oft besser wäre, sie gäbe bald ihren Geist auf.

Es mag vereinzelt echte Beispiele für geplante Obsoleszenz geben, doch in den meisten Fällen handelt es sich um Mythen. Mythen, weil sich die Fälle von Produktversagen eben nicht einfach zusammenfassen lassen, sondern weil es sich um Einzelbeobachtungen sehr vieler verschiedener ausgefallener Teile handelt, die zwar im Endergebnis dazu führen, dass ein Produkt nicht mehr funktioniert – aber aus tausend unterschiedlichen Gründen. Dass irgendein Teil in einem gegebenen Zeitraum ausfällt, ist nur eine Frage der Wahrscheinlichkeit. Diese ist umso höher, je billiger die Produkte konstruiert sind, aber sie sind nicht billig konstruiert, damit sie rasch ausfallen, sondern weil die Kunden sie genau wegen des geringen Preises kaufen. Wann ein Teil ausfällt, hängt vom Zufall ab und nicht von der bösen Absicht der Hersteller.

Es fällt dem menschlichen Geist nur dann besonders auf, wenn der Zufall ausgerechnet am Tag nach Garantieablauf zuschlägt. Dabei wird die Chance des Auftretens solcher Zufälle intuitiv oft völlig falsch eingeschätzt, wie das „Geburtstagsparadoxon" zeigt: Bei 23 Personen in einem Raum beträgt die Wahrscheinlichkeit, dass zwei von ihnen am gleichen Tag Geburtstag haben, mehr als 50 Prozent. So gilt es auch für die Wahrscheinlichkeit, dass irgendeines der vielen Geräte im Haushalt kurz nach Ablauf der Garantie ausfällt: Sie ist zwar aufgrund der Vielzahl betroffener Teile (und aufgrund des Nichtwissens über deren genaue Eigenschaften) nicht unmittelbar zu berechnen, aber doch alles andere als klein.

Dieser Beitrag erschien am 24.10.2014 in etwas längerer Form im Statistik-Blog der Autorin.

Zum Nachlesen:

Festinger, L. et al.: When Prophecy Fails: A Social and Psychological Study of a Modern Group that Predicted the Destruction of the World. New York, Harper & Row, 1956.

Welter, U.: Vorschnelles Altern von Geräten wird bestraft. Deutschlandfunk, 23.10.2014.

4.3 Was Pünktlichkeit bedeutet

Die Pünktlichkeit der Deutschen Bahn ist neben dem Wetter und der letzten Tatort-Folge eines der verlässlichsten Themen für die montägliche Kaffeepause. Aber der Plural von „Anekdote" ist immer noch nicht „Daten", und persönliche Erfahrungen eignen sich nicht, die Bahn objektiv zu bewerten. Die „Pünktlichkeitsstatistik" soll zumindest Transparenz darüber schaffen.

95 Prozent aller Personenzüge sind laut Statistik der Deutschen Bahn pünktlich. Weniger als ein Prozent sind mehr als 15 Minuten verspätet. Wer genau hinsieht, merkt aber: Jeder fünfte Fernzug kommt zu spät. Für ihre Pünktlichkeitsstatistik hat die Bahn über 800.000 Fahrten eines Kalenderjahres ausgewertet, davon alle 20.000 Fahrten im

Fernverkehr. Die veröffentlichte Grafik auf der Internetseite der Deutschen Bahn weist den Prozentsatz der pünktlichen Halte aus. „Pünktlich" hält ein Zug definitionsgemäß, wenn er höchstens 5:59 Minuten zu spät kommt. Außerdem wird noch eine zweite Schwelle von 15:59 Minuten angesetzt.

Die 59 Sekunden rühren daher, dass alte Bahnhofsuhren keinen Sekundenzeiger hatten und der Minutenzeiger erst umsprang, wenn eine neue, volle Minute erreicht war. 5:59 Minuten sind nach dieser Messung formal eben immer noch fünf Minuten.

Niemand weiß, wie viele Züge pünktlich sind, weil man dafür festlegen müsste, ob es genügt, wenn ein Zug pünktlich am Zielbahnhof eintrifft, oder ob er vielmehr an sämtlichen Unterwegshalten pünktlich ein- und ausfahren muss. Somit lässt sich aus der Angabe der Bahn nicht berechnen, welcher Anteil der Züge irgendwann während seiner Fahrt zu spät ist. Genauso wenig geben die Daten Auskunft über Erwartungswerte, das heißt Antworten auf die Frage, um wie viele Minuten ein Zug im Durchschnitt zu spät kommt. Laut Bahn ist diese Antwort nicht notwendig, da sich ihre Kunden nur für eine ganz konkrete Verbindung interessierten und deren Verspätung im Internet nachsehen könnten.

Auch das Extremwertverhalten der Züge bleibt im Dunkeln. Extremwertstatistiken könnten darüber informieren, wie spät ein Zug im Mittel kommt, wenn schon klar ist, dass er verspätet sein wird. Wer im Bahnhof steht und wartet, der mag eine solche Information durchaus zu schätzen wissen.

Schlagzeilen wie „jeder fünfte Fernzug verspätet" sind
falsche Interpretationen der Statistik, denn „Halte" und
„Züge" sind verschiedene Dinge. Zwar weist die Bahn darauf hin, dass sie eine Statistik über die Pünktlichkeit an
den Halten führt, aber zugleich schreibt sie selbst wenige
Zeilen später: „Im Jahresdurchschnitt 2014 kamen somit
94,5 Prozent aller DB-Personenverkehrszüge pünktlich
an." Diese Aussage ist falsch. Korrekt wäre: „Im Jahresdurchschnitt 2014 wurden somit 94,5 Prozent aller Halte
von DB-Personenzügen pünktlich erreicht." Wenn ein ICE
pünktlich in Kiel abfährt und ab Würzburg bis München
Verspätung aufbaut, dann ist der ganze Zug unpünktlich,
aber nur 20 Prozent der Halte. Insgesamt sind also mehr
Züge unpünktlich als Halte. Einen Anhaltspunkt gibt die
Statistik der Stiftung Warentest, die zum Schluss kommt,
dass sogar jeder dritte Zug verspätet sei.

Die Fehlinterpretation, vor allem durch die Medien,
führt dazu, dass kaum jemand der Statistik glaubt, obwohl sie an sich richtig ist. Ihr einziges Manko ist, dass die
Zugausfälle unter den Tisch fallen, weil noch niemand eine
gute Idee hatte, wie man die Pünktlichkeit eines ausgefallenen Zuges bewerten kann. Allerdings versucht die Bahn
solche Ausfälle nach eigenen Angaben zu vermeiden, weil
ausgefallene Züge die Zufriedenheit ihrer Kunden erheblich senken – obwohl es für die Statistik bei sehr verspäteten
Zügen positiver wäre, sie gleich ganz zu streichen.

Es mag verwundern und weitere Zweifel an der Unma-
nipuliertheit einer solchen Statistik wecken, wenn angeblich fast 95 Prozent aller Halte pünktlich erreicht werden,
obwohl die Fernzüge so oft verspätet sind. Dafür gibt es
allerdings einen einfachen Grund. Die Gesamtstatistik bil-

det einen gewichteten Mittelwert ab. Auf einen Fernzug-Halt kommen 39 Nahverkehrszug-Halte. Das Gewicht der Fernzüge ist also relativ gering. Man kann das Augenwischerei nennen, aber statistisch ist es korrekt, so lange die gemessenen „pünktlich angefahrenen Halte" in der Berichterstattung auch so genannt werden. Würde man statt der Halte tatsächlich Züge auswerten oder einen Bezug zu den Streckenlängen erstellen, käme man vermutlich zu einem weniger schmeichelhaften Ergebnis.

Nicht sichtbar ist dabei, dass sich innerhalb des Nahverkehrs dieser Gewichtungseffekt wiederholt. Im Nahverkehr sind die S-Bahnen eingerechnet. Sie sind aber, bezogen auf die Halte und die gewählten Schwellenwerte, pünktlicher als die Regionalzüge.

Es ist wichtig, zwischen Erstverspätungen und Folgeverspätungen zu unterscheiden. Letztere treten auf, weil ein Anschlusszug wartet oder weil ein verspäteter Zug eine Strecke blockiert. Im Mittel warten auf einen verspäteten Fernzug fünf bis zehn Anschlusszüge. Zwar veröffentlicht die Deutsche Bahn aktuell keine Zahlen dazu, aber im Jahr 2004 verursachten Anschlussverspätungen die zweitmeisten Verspätungsminuten im Personenverkehr. Laut Rheinischer Post macht das Warten auf Anschlussreisende derzeit neun Prozent aller Verspätungen aus, was offensichtlich nicht dasselbe aussagt wie die daraus entstehenden Verspätungsminuten. Auf eine Quellenangabe für ihre Statistik verzichtet die Zeitung.

Internationale Vergleiche der Pünktlichkeitsquoten sind wegen unterschiedlicher Definitionen nicht einfach. In Japan gilt ein Zug als verspätet, wenn er mehr als eine Minute nach Plan ankommt. Derartige Vorgaben wirken offensichtlich disziplinierend. Im Jahr 2013 hatte der Shin-kansen im Mittel gerade einmal 0,9 Minuten Verspätung.

Auch die Schweizer Züge sind bekannt für ihre Pünktlichkeit. Im Jahr 2010 verspäteten sich 87 Prozent aller Ankünfte um weniger als drei Minuten, wobei sich die Statistik nur auf die Wochentage Montag bis Freitag beschränkt. Durch diese eher niedrige Schwelle will die SBB einen Ansporn zur Verbesserung schaffen. Noch eine Besonderheit gilt in der Schweiz: Pünktlichkeit wird dort in Bezug zur Fahrgastanzahl gesetzt, nicht in Bezug auf die Halte. „Ankünfte" meint somit nicht die Ankünfte von Zügen, sondern die Ankünfte von Passagieren. Diese „Kundenpünktlichkeit" bedeutet, dass stark frequentierte Haltestellen mit einem höheren Gewicht gezählt werden. Das erhöht zusätzlich den Druck, weil auch Ein- und Aussteiger Verspätungen verursachen können.

Die Schweizer Bundesbahn führte 1982 den sogenannten integralen Taktfahrplan ein. Alle Züge fahren seitdem in fester Taktfrequenz und warten nicht aufeinander. Auch daraus folgt die Drei-Minuten-Statistik. Der internationale Standard von fünf Minuten würde dazu führen, dass man in Zürich regelmäßig seinen Anschluss verpasst.

Das deutsche Bahnnetz ist erheblich komplexer als die Netze anderer europäischen Ländern, wie die Streckenkarten verdeutlichen. Eine einzige Streckenblockade kann Dominoeffekte über das gesamte Netz auslösen. In Österreich gibt es nur zwei Hauptstrecken, zwischen Wien und Innsbruck bzw. Salzburg. In der Schweiz sind es drei; sie verlaufen zwischen Genf, Basel, Bern und Zürich. In Großbritannien fließt der relevante Zugverkehr komplett über London, in Frankreich über Paris. Ein verspäteter Zug in

Marseille stört das Netz nicht weiter. Außerdem teilen sich in Deutschland schnelle Züge fast durchgehend die Strecken mit den langsamen, im Gegensatz zum japanischen Shinkansen oder dem spanischen AVE. Darum sind S-Bahnen pünktlicher, weil sie in einigen Städten zumindest teilweise unabhängig vom restlichen System fahren.

Pünktlichkeitsstatistiken muss man genau lesen. Tatsächlich sind viel mehr Züge verspätet, als die Statistik sagt – nicht weil diese falsch oder intransparent wäre, sondern weil die meisten Leute sie falsch verstehen. Wenn man die Komplexität und die Größe der Bahnnetze berücksichtigt, steht die Deutsche Bahn allerdings gar nicht schlecht da – selbst wenn sie steht.

Zum Nachlesen:

Central Japan Railway Company: About the Shinkansen Punctuality. www.jr-central.co.jp, o. J.

Deutsche Bahn: Pünklichkeitsentwicklung. www.bahn.de, o. J.

Goerlitz, U.: High-Speed ist das Normale. GeoWis Online Magazin, 19.09.2008

N. N.: Verspätungen und Störungen – was die Deutsche Bahn aufhält. www.rp-online.de, o. J.

Stiftung Warentest: Pünktlichkeit der Bahn: Geheimnis gelüftet. Test 05, S. 78, 2011.

Wieland, F.: Aktuelle Ursachen und Verteilungen zu Verspätungen von Bahnen. Belegarbeit im Fach Verkehrssystemtheorie II, Technische Universität Dresden, 2004.

4.4 Wo Kinder verunglücken

Die erste Botschaft des Kinderunfallatlas, der von der Bundesanstalt für Straßenwesen veröffentlicht wird, ist ausgesprochen positiv. Es gibt immer weniger Verkehrsunfälle, bei denen Kinder betroffen sind. Allerdings sind die regionalen Unterschiede enorm. Der Atlas liefert ein Ranking der Regionen, das den Eindruck vermittelt, dass man sein Kind in manchen Gegenden besser nicht auf die Straße lassen sollte.

Zunächst erweckt der Bericht einen sehr seriösen Eindruck. Er fußt schließlich auf der amtlichen Unfallstatistik des Statistischen Bundesamts. Das, was diese Daten messen, messen sie sicherlich genau. Ein erster Ansatzpunkt ist aber die Frage, was die Daten überhaupt als „Kinderunfälle" erfassen. Als „Kind" zählen alle Unfallopfer unter 15 Jahre. Außerdem fließen nur Unfälle ein, bei denen die Polizei eingeschaltet war. Das sind längst nicht alle, es gibt eine hohe Dunkelziffer. Der „Fachverband Fußverkehr" schätzte die Erfassungsquote im Jahr 2004 auf gerade einmal 2 bis 14 Prozent. Parallel führen auch die Unfallkassen eine Statistik der Schülerunfälle, und diese zählt für das Jahr 2013 fast viermal so viele Schulwegunfälle.

Doch der Vergleich beider Statistiken hinkt. Die Polizei erfasst auch Freizeitunfälle, und die Unfallkassen erfassen auch Unfälle von älteren Schülern und Studenten, und gut die Hälfte davon haben nichts mit dem Verkehr zu tun, sondern sind z. B. Raufereien auf dem Schulweg. Man kann ganz grob abschätzen, wie sich die Zahlen zueinander verhalten. Denn die Polizei erstellt auch Statistiken für die 15- bis 24-Jährigen und schlüsselt die Unfälle nach Alter,

Uhrzeit und Wochentag auf. Weil vermutlich zwischen 18 und 6 Uhr sowie an den Wochenenden vor allem Freizeitunfälle passieren, kann man diese Werte von der Gesamtzahl abziehen. So kommt man zu dem Ergebnis, dass ungefähr gleich viele Verkehrsunfälle auf dem Schulweg bei den Kassen gemeldet wie bei der Polizei angezeigt wurden.

Aber die Verteilungen der Unfälle auf die einzelnen Verkehrsmittel passen überhaupt nicht zusammen. Die Unfallkassen stellten für das Jahr 2010 fest, dass 47 Prozent der verunglückten Kinder mit dem Fahrrad unterwegs waren. Die Statistik der Polizei verzeichnet aber im selben Jahr bei den 6- bis 14-Jährigen nur 41 Prozent Fahrradunfälle und bei älteren Schülern nur noch die Hälfte bis ein Viertel davon.

Jede Statistik erfasst offensichtlich nur einen Teil der Kinderunfälle. Das wäre nicht schlimm, wenn die fehlenden Unfälle rein zufällig fehlten und gleichmäßig verteilt wären. Weil jedoch in der Stadt und auf dem Land die einzelnen Verkehrsmittel unterschiedlich häufig benutzt werden, sind beide Statistiken mit Sicherheit verzerrt. Um trotzdem Vergleichbarkeit herzustellen, setzt der Atlas Städte und Landkreise etwa gleicher Größe zueinander in Bezug. Aber das genügt nicht. Denn der Denkfehler liegt in der Bildung der Vergleichsgröße selbst. Die Unfälle werden für die einzelnen Gebietskörperschaften nicht absolut gezählt, sondern jeweils pro 1.000 gemeldeter Kinder dargestellt. Was zuerst nach einer vernünftigen Normierung aussieht, schafft bei näherem Hinsehen Ungleichgewichte. Zwei davon sind besonders gravierend.

Erstens führt die Rangfolge der Städte und Landkreise im Kinderunfallatlas in die Irre, weil eine entscheidende Information in den Daten nicht enthalten ist. Es wird nicht differenziert, wie viele Kinder wie oft, wie lange und mit welchem Verkehrsmittel unterwegs sind. Fahren mehr Kinder mit dem Rad, dann verunglücken dabei unter sonst gleichen Umständen auch mehr Kinder, und werden sie im Auto gefahren, stürzen sie dabei natürlich nicht vom Fahrrad.

Weil die Schulwege in dicht besiedelten Regionen mit vielen Kindern vergleichsweise kurz sind, passieren dort mehr Unfälle von kleinen Fußgängern oder Radfahrern. Wo weniger Kinder leben, verunglücken relativ mehr Kinder im Auto. Ein Rückgang der Schülerzahl führt zu einer Schließung von Schulen und zu einer Verlängerung der Anfahrtswege. Die verbleibenden Schulen sind für ein Kind mit dem Fahrrad dann häufig nicht mehr oder nur sehr umständlich zu erreichen. So hat die Abnahme der Kinderzahl, die besonders in Ostdeutschland ein Problem ist, auf die Unfallstatistik eine stark beschönigende Wirkung.

In Brandenburg und Sachsen-Anhalt ist zwar die Zahl der PKW-Unfälle etwas gestiegen, aber die Zahl der Radunfälle drastisch zurückgegangen. Kinder kommen offenbar im Auto sicherer zur Schule. Das klingt zunächst positiv, da in der Summe die Unfallzahlen gesunken sind. Aber für alle nicht verunglückten Kinder kann es bedeuten, dass sie sich weniger bewegen können und weniger selbstständig werden. Eine ältere Studie ermittelte, dass ein Drittel der Kinder, die mit dem Auto gefahren wurden, ihren Schulweg nicht kannten. Neuere Untersuchungen beschreiben und kritisieren ebenfalls die abnehmende selbstständige

Mobilität von Kindern: Der Anteil von Grundschülern, die mit dem Auto befördert werden, hat sich von 1990 bis 2010 mehr als verdreifacht. Engagiert sich umgekehrt eine Stadt für Familien, sorgt sie für kurze Schulwege und ausgebaute Fahrradwege, so ergibt das auf dem Papier schlechtere Werte für die Sicherheit von Radfahrern.

Neben dem Problem, dass gemeldete Kinder in unterschiedlichen Regionen unterschiedlich viel Rad fahren, halten sich zweitens in einigen Gegenden auch wesentlich mehr Kinder auf, als man anhand der Meldezahlen erwarten würde. Der Atlas erwähnt die Tourismusregionen als solche Ausreißer. Ein verunglücktes Urlauber-Kind zählt bei Unfällen mit, nicht aber bei der Bezugsgruppe aller dort wohnenden Kinder. Ebenso betroffen sind regionale Bildungszentren, an denen Gymnasien oder Wirtschaftsschulen angesiedelt sind. Dort tritt viel Kinderverkehr auf, weil Schüler aus der ganzen Region in den Zentren zur Schule gehen.

Beispielsweise gab die Stadt Rosenheim an, dass ein Viertel der im Jahr 2012 dort verunglückten Kinder außerhalb der Stadtgrenzen wohnte. Die Pendler müssten nicht nur im Zähler (Unfallzahl), sondern auch im Nenner (Kinderzahl) Eingang finden. Oder man zählt die Unfälle der Kinder von auswärts einfach nicht mit; damit rutscht Rosenheim, wie in Abb. 4.2 dargestellt, von Platz 105 (von 107) auf Rang 80 und landet gerade so im Mittelfeld der Städte mit 50.000 bis 100.000 Einwohnern. Die Wahrheit liegt wohl irgendwo dazwischen.

Selbst wenn also eine Stadt im Verhältnis zu ihrer Einwohnerzahl viele Unfälle verzeichnet, dann bedeutet das noch lange nicht, dass es dort für Kinder besonders gefähr-

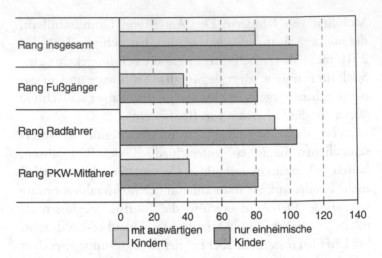

Abb. 4.2 Rangplätze Rosenheims bei Kinderunfällen im Straßenverkehr 2012

lich ist. Ob andere Städte wirklich etwas besser machen, kann der Atlas anhand der analysierten Daten nicht bewerten.

Die Studie macht streng genommen keine statistischen Fehler; sie schränkt ihre Aussagen sogar recht deutlich ein. Man muss sie jedoch sorgfältig studieren, um die Beschränkungen zu verstehen. Das ist mühsam, weil die kritischen Punkte eher versteckt im Text untertauchen. Die Rankings, die man wegen der genannten Kritikpunkte nicht sinnvoll interpretieren kann, werden dafür seitenweise in leuchtend bunten Grafiken präsentiert. Ganz unschuldig sind die Autoren nicht daran, wenn ihre Studie falsch gelesen wird.

Vor allem bringt es ja wenig, die Unfälle pro 1.000 gemeldete Kinder zu vergleichen. Die Zahl der Unfälle pro

1.000 Schüler wäre ein besseres Maß, weil viele Unfälle auf dem Schulweg passieren und man so erfassen könnte, wo sich Kinder tagsüber tatsächlich aufhalten. Optimal wäre die Ermittlung der Unfälle pro 1.000 gefahrene Kilometer oder pro 100 Stunden, die ein Kind im Verkehr unterwegs ist. Aber diese Daten gibt es nicht.

Schlechte Zahlen werden nicht besser, nur weil sie einem guten Zweck dienen sollen. Stattdessen wird in Städten mit vielen Einpendlern, Radfahrern und Tourismus ein Handlungsbedarf suggeriert, der möglicherweise sogar das Gegenteil bewirkt. Wenn eine Stadt die Radwege saniert und deshalb mehr Kinder mit dem Fahrrad fahren, dann nehmen die Unfälle zu. Damit wird vorbildliches Engagement durch eine irreführende Statistik bestraft. Das kann nicht der Sinn solcher Studien sein.

Zum Nachlesen:

Deutsche Gesetzliche Unfallversicherung e. V.: DGUV-Statistiken für die Praxis, Berlin, 2013.

Fachverband Fußverkehr Deutschland e. V.: Schulwegverkehrsunfälle: Untererfassung in der amtlichen Statistik. 19.09.2006.

Frauendienst, B. und Redecker, A. P.: Die Veränderung der selbstständigen Mobilität von Kindern zwischen 1990 und 2010. Zeitschrift für Verkehrssicherheit 57(4), S. 187, 2011.

Opitz-Neumann, N. et al.: Kinderunfallatlas. Bundesanstalt für Straßenwesen, Bergisch Gladbach, Mensch und Sicherheit Heft M 232, 2012.

Ortlepp, J.: Schulwegunfälle/Kinderunfälle, ADAC Expertenreihe 2013 „Sichere Schulwege". Gesamtverband der Deutschen Versicherungswirtschaft e. V., 2013.

Statistisches Bundesamt: Kinderunfälle im Straßenverkehr. Wiesbaden, 2013.

Statistisches Bundesamt: Unfälle von 15- bis 17-Jährigen im Straßenverkehr 2013. Wiesbaden, 2014.

Statistisches Bundesamt: Unfälle von 18- bis 24-Jährigen im Straßenverkehr 2013. Wiesbaden, 2014.

Informationsdienst Ruhr: Viele Kinder kennen ihren Schulweg nicht. 07.08.1998.

4.5 Wie gefährlich Windräder sind

„Windräder heißen im Volksmund auch Vogelschredder. Umweltschützer brandmarken sie als Todesfallen für Milane, Seeadler oder die Wiesenweihe. Bilder von zerfetzten Seeadlern förderten nicht das Image für den grünen Strom. Das Bundesumweltministerium wollte es ganz genau wissen und stellte seit 2007 rund eine Million Euro für ein Forschungsvorhaben zur Verfügung, das nun abgeschlossen ist." Diese Meldung der dpa aus dem Februar 2011 spielt mit drastischen Bildern. Ganz so blutig geht es in Wirklichkeit nicht zu. Windräder schreddern Vögel nicht in kleine Stücke, sondern die verunglückten Vögel werden von einem Rotorblatt getroffen und sterben durch den Schlag, werden aber nicht verstümmelt.

In den Jahren zuvor wurden 146 Rotmilane, 163 Mäusebussarde, 25 Wintergoldhähnchen, 87 Tauben und 30 Stockenten tot unter deutschen Windrädern aufgefunden. Diese Daten aus der zentralen Fundkartei der Staatlichen Vogelschutzwarte Brandenburg umfassen nur die reinen Zufallsfunde seit 2002 mit ein paar Einzelfunden seit 1995 und die in der Literatur beschriebenen Fälle seit 1989, also insgesamt einen Zeitraum von gut 20 Jahren. 146 Rotmilane in 20 Jahren klingen nach einer recht geringen Zahl.

Daraus sollte man allerdings nicht sofort schließen, dass die Windanlagenbetreiber „Fälle vertuschen", wie die dpa unterstellt. Schließlich werden die toten Vögel, wenn sie nicht gleich gefunden werden, oft von anderen Tieren gefressen, oder eine Erntemaschine fährt über den Kadaver, von dem dann kaum etwas übrig bleibt.

Man kann Windenergieanlagen auch systematisch absuchen, was im Rahmen des Forschungsprojektes getan wurde. Insgesamt wertete die Studie die Funde bei fast 45.000 Kontrollen aus. Weil aber manche Anlagen nur einmal kontrolliert wurden, andere mehrere hundert Mal, handelt es sich nur um 724 verschiedene Windräder.

Nach der Zahl der Kontrollen erfolgt eine Einteilung in „Monitoring-Funde" bei Anlagen mit unter zehn Kontrollen im Jahr und „systematische Kontrollen" bei Anlagen mit mindestens zehn Kontrollen. Es überrascht wenig, dass man mehr Vögel findet, wenn man öfter sucht. Über die relative Zunahme der Funde bei häufigeren Kontrollen lässt sich im Nachhinein die Dunkelziffer abschätzen

Alternativ kann man Greifvogel-Kadaver auslegen und dann wieder einsammeln lassen. Daraus lässt sich ermitteln, wie effizient die Sucher sind, welcher Anteil der Kadaver von anderen Tieren verschleppt wurde und schließlich, welcher Anteil der Gesamtfläche abgesucht wurde. Diese Strategie haben die Forscher bei einer Studie verfolgt, bei der exemplarisch zwei Bauweisen – geschlossene Rohrtürme und Gittermasten – anhand von je zehn Windkraftanlagen verglichen wurden. Sie nahmen zunächst an, dass sich Vögel gerne in die Gittermasten setzten und dadurch stärker gefährdet seien.

Allerdings belegt die Untersuchung das Gegenteil. An wenig prominenter Stelle steht darin auch, die Stichprobe sei zu klein für einen statistisch belegbaren Effekt. Statistische Aussagen lassen sich zwar auch mit ziemlich geringen Datenmengen treffen, solange die untersuchten Stichproben „rein zufällig" zustande gekommen sind. Nur ist dann die Unsicherheit in den Schätzungen entsprechend größer.

Beim geschilderten Bauweisenvergleich führten die Forscher eine Saison lang, von März bis November, eine wöchentliche Suchaktion im Umkreis von 100 Metern um den jeweiligen Mast herum durch. Dabei fanden sie durchschnittlich 85 Prozent der Tiere, vier von fünf ausgelegten Testkadavern waren verschleppt worden, und die abgesuchte Fläche betrug im Mittel drei Viertel der Gesamtfläche. Dass die Unterschiede zwischen den Anlagen statistisch nicht belegbar sind und die Daten der Ausgangshypothese so deutlich widersprachen, liegt nicht nur an der kleinen Stichprobe. Tatsächlich wurden bei zehn Rohrturmanlagen zwei kollidierte Greifvögel gefunden und bei zehn Gittermastanlagen drei Greifvögel. Zunächst sieht es danach aus, als stellten doch die Gittermastanlagen für die Greifvögel das größere Risiko dar.

Trotzdem ziehen die Forscher aus dem Ergebnis den Schluss, diese Anlagen seien gar nicht gefährlicher. Dahinter steckt keine Verdrehung der Statistik, sondern ein etwas unglücklicher Versuchsaufbau, bei dem die störenden Einflüsse viel zu groß sind. Aus nicht näher erläuterten Gründen hatten die Sucher die Fläche um die Gittermastanlagen herum viel gründlicher durchforstet als um die Rohrturmanlagen. Außerdem wurde der Anteil der verschleppten Kadaver für jeden Anlagentyp separat berechnet, was ganz unterschiedliche Prozentsätze ergab.

Der Unterschied ist vermutlich nur Zufall, weil es – wie man guten Gewissens annehmen kann – nicht vom Mast einer Windkraftanlage abhängt, ob dort Vogelkadaver von anderen Tieren aufgefressen werden. Dann muss man diesen verzerrenden Faktor herausrechnen, und damit verschwindet der Unterschied zwischen den Anlagentypen praktisch komplett. Das Problem der Studie liegt also in einer schlechten Versuchsplanung. Die Rahmenbedingungen waren bei den beiden Anlagentypen nicht vergleichbar, und daher kann man zwar folgern, dass wahrscheinlich pro Windkraftanlage ein bis drei oder vier Greifvögel im Jahr erschlagen werden, aber für den eigentlich gewollten Vergleich zwischen den Anlagen sind die Daten nutzlos.

Tobias Dürr vom brandenburgischen Landesamt für Umwelt nennt in der dpa-Meldung für diese Anlagen eine Schlagopferrate von 1,4 und 3,3 Greifvögeln pro Jahr und beurteilt sie als sehr hoch. Bei einer Rückfrage schätzte er die Zahl an Rotmilanen, die pro Jahr und nur in Brandenburg durch Kollisionen mit Windkraftanlagen ums Leben kommen, auf 300 bis gut 550. Es ist nur sehr ungenau bekannt, wie viele Rotmilane tatsächlich in Brandenburg leben. Die jährliche Mortalität durch Windräder beläuft sich, je nach zugrunde gelegter Schätzung, deshalb auf ein bis zwölf Prozent des Gesamtbestandes.

Vergleichsweise müsste man sich vorstellen, dass in Deutschland jährlich etwa vier Millionen Menschen im Straßenverkehr stürben und nicht nur knapp 4.000. Zwar reproduzieren sich Rotmilane häufiger als Menschen, aber das Ausmaß ist dennoch enorm. Ungeachtet dessen behauptet Hermann Albers, Präsident des Bundesverbands Windenergie, dass Windräder den Vogelbestand in Deutschland nicht gefährden würden.

Ein Rotmilan-Pärchen bebrütet jedes Jahr durchschnittlich drei Eier. Davon überleben ein bis zwei Tiere bis zum dritten Jahr und werden geschlechtsreif. Diese hohe Reproduktionsquote spiegelt sich in den Bestandszahlen, die nach einem jahrzehntelangen Rückgang inzwischen bei grob 10.000 bis 14.000 Brutpaaren in Deutschland stagnieren. Dazu kommen noch etwa genauso viele Jungtiere hinzu. Das entspricht etwa der Hälfte der Welt-Population an Rotmilanen.

Außerdem sind Kollisionen mit Windrädern nicht die hauptsächliche Todesursache von Vögeln. Vögel werden zum Beispiel gefressen oder fliegen gegen Gebäude oder Strommasten. Sehr häufig verenden gerade die Rotmilane an Vergiftungen, vor allem in Spanien, wohin die Mehrheit der europäischen Zugvögel im Winter wandert. Von allen dort gestorbenen Rotmilanen kamen rund 44 Prozent durch Giftköder und 8 Prozent durch Abschuss ums Leben, 17 Prozent durch Windräder. Dennoch beruht es auf einer subjektiven Bewertung der Daten und nicht auf den Daten selbst, dass diese Kollisionen zu vernachlässigen seien, nur weil Vögel auch aus anderen Gründen sterben und weil sie durch Windräder vermutlich nicht aussterben.

Die Studien zur Bedrohung von Vögeln durch Windkraftanlagen gehören statistisch sicher nicht in die Königsklasse. Das liegt nicht an einer schlechten Methodik, sondern an der außerordentlich schwierigen Datenerfassung. Es gibt bislang keine seriöse Antwort auf die Frage, wie viele Vögel in Deutschland jedes Jahr durch Windkraftanlagen sterben. Trotzdem sind Tendenzen erkennbar, die entgegen der Behauptung der dpa nicht unbedingt gute Nachrichten für die Windkraftbranche darstellen.

Zum Nachlesen:

Hötker, H. et al.: Greifvögel und Windkraftanlagen: Problemanalyse und Lösungsvorschläge. Bundesministerium für Umwelt, Naturschutz und Reaktorsicherheit, S. 287–300, 2013.

Ismar, G.: Windräder als Vogelschredder – Ein Mythos? dpa, 06.02.2011.

4.6 Was weibliche Wirbelstürme anrichten

Statistisch gesehen, scheint es eine Rolle zu spielen, welchen Namen ein Hurrikan trägt. Vier Wirtschaftswissenschaftler und Psychologen der Universitäten Illinois und Arizona State veröffentlichten im Jahr 2014 einen Artikel, in dem es hieß, dass Hurrikane mit weiblichen Namen mehr Todesfälle verursachten als solche mit Männernamen. Außerdem befragten sie Testpersonen dazu, wie gefährlich sie einen heranziehenden Sturm anhand seines Namens einschätzten und ob sie planten, sich deshalb in Sicherheit zu bringen. Durchgängig hielten die Befragten weibliche Stürme für harmloser. Die Forscher schlagen vor, dass man aus diesem Grund Stürme zukünftig anders benennen soll, um mehr Menschenleben zu retten.

Die Studie wirkt auf den ersten Blick statistisch sauber angelegt und durchgeführt. Denn um herauszufinden, ob nach Stürmen mit weiblichen Namen mehr Todesopfer zu beklagen waren, müssen alle weiteren möglichen Einflüsse herausgerechnet werden. Zum Beispiel könnte es sein, dass die Stürme mit weiblichen Namen durch Zufall einen niedrigeren Luftdruck hatten und dies die wahre Ursache für die unterschiedlichen Opferzahlen war. Schwere methodische Mängel lassen sich in der Beschreibung der statistischen Vorgehensweise nicht entdecken.

Bei der Interpretation wird aber alle Vorsicht über Bord geworfen: „Unser Modell besagt, dass ein schwerer Hurrikan dreimal so viel Todesopfer fordert, wenn man seinen Namen von Charley zu Eloise ändert." Dieses Ergebnis klingt derart sensationell, dass es sinnvoll erscheint, den Einfluss des Namens, der von neun Beurteilern unabhängig voneinander auf einer „Maskulinitäts-Femininitäts-Skala" bewertet wurde, mit den Einflüssen anderer Variablen zu vergleichen.

Es zeigt sich dann, dass selbst der Luftdruck eines Hurrikans rechnerisch weniger Einfluss hat als die „Femininität" seines Namens. Der Luftdruck erklärt aber neben der Windgeschwindigkeit, deren Wert den Forschern nicht zur Verfügung stand, am besten die Gefährlichkeit. Vor diesem fachlichen Hintergrund erscheint das Ergebnis des statistischen Modells fragwürdig.

Wenn die Methodik den Daten angemessen ist, liegt eine zweite Möglichkeit, um mit Statistik zu Trugschlüssen zu kommen, in der Auswahl der Daten. Unglücklicherweise sind die Daten im vorliegenden Fall systematisch durch ihre zeitliche Anordnung verzerrt. Schließlich lautete die Kernfrage, ob Menschen Sturmrisiken danach bewerten, wie männlich oder weiblich der Name des Sturms klingt. Vor 1979 gab es diese Differenzierung gar nicht. Damals bekamen Stürme grundsätzlich weibliche Vornamen. Erst seitdem werden sie abwechselnd nach Männern und Frauen benannt. Doch drei der vier Hurrikane mit über 100 Todesfällen ereigneten sich vor 1979 und trugen deshalb zwangsläufig Frauennamen. Zwar deuten die Autoren der Studie an, dass die Ergebnisse ähnliche Tendenzen zeigen, wenn man nur Wirbelstürme nach 1979 analysiert. Dabei kann die Bewertung der Statistik jedoch nicht mehr so eindeutig ausfallen.

Das Modell funktioniert eben nur, wenn man zur Weiblichkeit der Sturmnamen noch die Wechselwirkung von Weiblichkeit und Luftdruck beziehungsweise dem wirtschaftlichen Schaden durch einen Sturm hinzunimmt. Dann kommt heraus, dass besonders gefährliche Stürme noch größere Verheerungen anrichten, wenn sie weibliche Namen haben. Die Weiblichkeit des Namens an sich zeigt zwar einen positiven Effekt, aber dieser ist nicht signifikant und deshalb nach den statistischen Regeln durch Zufall zu erklären. Für die Stürme nach 1979 sind die Wechselwirkungen nicht signifikant. Ohne die Wechselwirkungen ist der Einfluss des Namens immer noch nicht signifikant. Die

Aussage „Weibliche Wirbelstürme sind tödlicher" ist damit, streng genommen, nicht erwiesen, wurde aber in mehreren Medien zu dramatischen Schlagzeilen verarbeitet.

Man kann darüber streiten, ob die Probleme mit der Signifikanz in erster Linie daher rühren, dass die Datengrundlage zu klein ist. Tatsächlich gingen zwei Stürme nicht in das Modell ein. Es handelt sich um Katrina im Jahr 2005 und um Audrey im Jahr 1957. Beide waren für insgesamt fast 2.250 Todesopfer verantwortlich. Das sind mehr Todesfälle, als alle anderen 92 Wirbelstürme zusammen verursachten. Die Forscher nennen als Grund für ihre Auswahl, dass auf solche Extremfälle das Modell nicht mehr passen würde.

Dieses Vorgehen ist zwar zulässig, aber es ist oft ein schlechtes Zeichen, wenn einzelne Ereignisse die Ergebnisse dominieren können. Eine Berechnung, wie viele Menschenleben eine Namensänderung von Stürmen „retten" könnte, überschätzt bei derartigen Unwägbarkeiten wohl die Kraft der Statistik. Dass die Statistik hier auch Auslegungssache ist, verdeutlicht der wissenschaftliche Streit im Anschluss an die Publikation. Kaum Beachtung fand aber die Frage, ob der Kausalschluss der Autoren, „Stürme mit weiblichen Namen sind gefährlicher, weil sie unterschätzt werden", eigentlich stimmt.

Mit hoher Übereinstimmung lieferten sechs Befragungen, die von den Autoren durchgeführt wurden, das Ergebnis, dass Stürme mit weiblichen Namen von den jeweiligen Testpersonen als harmloser eingeschätzt wurden. Trotzdem ist das Ergebnis nicht gerade sensationell. Im Mittel beträgt der Unterschied einen halben Punkt auf einer Sieben-Punkte-Skala. Mit dem Wert von sieben sollten die als sehr stark eingeschätzten Hurrikane beurteilt werden. Männernamen erzielten Durchschnittsbeurteilungen von 4,4 und Frauennamen solche von 4,2. Beide wurden also als „mittelmäßig stark" eingeschätzt.

Statistisch ist der Unterschied zwar signifikant, aber praktisch erscheint er als fast bedeutungslos. Darüber hinaus beweisen diese „Bestätigungsexperimente" auch nicht die Kausalbehauptung der Autoren, dass weibliche Stürme mehr Schaden angerichtet hätten, weil sie aufgrund ihres Namens unterschätzt worden seien. Kausal für die Zahl der Todesopfer ist ja nicht der Name eines Hurrikans, sondern die Sorglosigkeit der Menschen, die ihn unterschätzen. Zur Verknüpfung fehlt ein entscheidender Schritt.

Es wäre klug gewesen, die Femininitäts-Skala in eine Skala der „wahrgenommenen Gefährlichkeit" umzurechnen. Dazu hätten die befragten Personen die Namensliste der Hurrikane bewerten müssen und nicht irgendeine Liste männlicher und weiblicher Namen. (Ein solches Experiment wäre natürlich schwer durchzuführen, weil sich im Nachhinein die Befragten an die tatsächlichen Stürme erinnern könnten und ihre Bewertung dadurch beeinflusst wäre.) Hätte sich dann gezeigt, dass die weiblichen Stürme systematisch verharmlost würden und dass diese Verharmlosung einherginge mit einer höheren Zahl an Opfern, wäre die Forderung nach einer Umbenennung von Wirbelstürmen erheblich besser fundiert. So erscheinen die Ergebnisse lediglich medienwirksam dramatisiert.

Zum Nachlesen:

Christensen, B. und Christensen, S.: Are female hurricanes really deadlier than male hurricanes? Proceedings of the National Academy of Sciences USA 111(34), E3497-E3498, 2014.

Jung, K. et al.: Female hurricanes are deadlier than male hurricanes. Proceedings of the National Academy of Sciences USA 111(24), S. 8782–8787, 2014.

Jung, K. et al.: Reply to Christensen and Christensen and to Malter: Pitfalls of erroneous analyses of hurricanes names. Proceedings of the National Academy of Sciences USA 111(34), E3499–E3500, 2014.

Malter, D.: Female hurricanes are not deadlier than male hurricanes. Proceedings of the National Academy of Sciences USA 111(34), E3496, 2014.

4.7 Was der Klimaschutz kostet

Atomstrom sei ja zumindest klimafreundlich, argumentieren seine Befürworter. Klimaschutz steht jährlich bei der Klimakonferenz der Vereinten Nationen, zuletzt im Dezember 2014 in Lima, auf der Agenda. Dabei wird die Welt gefühlt momentan eher von anderen Themen bewegt. Für Deutschland existiert zwar keine Befragung darüber, welchen Stellenwert der Klimaschutz in der Bevölkerung heute noch hat. Doch weist eine Studie der Allianz-Versicherung aus dem Jahr 2012 darauf hin, dass die Jugend in Österreich eher resigniert. Knapp die Hälfte der Befragten im Alter von 14 bis 24 sorgten sich um den Klimaschutz, fühlten sich aber diesbezüglich hilflos und wütend. Zugleich kommt eine Studie des Weltklimarats (IPCC) zu dem Schluss, dass es gar nicht so teuer wäre, den Planeten zu retten.

„Den Planeten retten" bedeutet formal, dass man die globale Erwärmung bis zum Jahr 2100 auf plus zwei Grad Celsius begrenzt. Der Weltklimarat hat ausgerechnet, dass bis dahin die Wirtschaftsleistung weltweit zwischen 300 Prozent und 900 Prozent wachsen werde, verglichen mit dem Jahr 2010. Das wäre laut Studie das Ergebnis, wenn die Wirtschaft jedes Jahr zwischen 1,6 und 3 Prozent wächst. Wer diese Angaben mit einer einfachen Zinseszinsrechnung wie in der Tabelle nachzuvollziehen versucht, kommt schon etwas ins Grübeln. Denn in 90 Jahren ergeben 1,6 Prozent jährliches Wachstum ein rechnerisches Gesamtwachstum um 317 Prozent, aber 3 Prozent führen zu 1.330 Prozent Zunahme. Vielleicht muss es bei derartigen Dimensionen auch nicht so genau sein. Wenn sofort mit ambitioniertem Klimaschutz begonnen würde, dann wäre das im Median pro Jahr mit 0,06 Prozentpunkten weniger Wachstum zu bezahlen. Es könnten aber dem Konfidenzintervall nach auch 0,04 Prozentpunkte sein oder 0,14.

Das Weltwirtschaftswachstum wird aus dem Weltbruttoinlandsprodukt errechnet. Im Jahr 2010 betrug dieses ungefähr 65.217 Mrd. $. Für das Folgejahr ergeben 1,6 bis 3 Prozent Wachstum rechnerisch einen Betrag zwischen 1.043 Mrd. und 1.957 Mrd. $. Tatsächlich war es im Jahr 2011 etwas mehr, aber in den darauf folgenden Jahren traf die Schätzung recht gut die reale Entwicklung.

Der Klimaschutz hätte – bei 0,06 Prozentpunkten weniger Wachstum – in diesem Beispieljahr 2011 nur 38 Mrd. $ gekostet. Allerdings handelt es sich um naturgemäß eher grobe Schätzungen. Niemand weiß, wie sich die Wirtschaft im Verlauf eines ganzen Jahrhunderts entwickeln wird. Deswegen gibt der Weltklimarat auch Schwankungsbreiten an.

Tab. 4.1 Mögliche Kosten des Klimaschutzes

Jahr		2010	2011	2100	Entspricht
1,6 % Wachstum	kein Klimaschutz	0,0 %	1,6 %	317,3 %	
3 % Wachstum	kein Klimaschutz	0,0 %	3,0 %	1.330,0 %	
1,6 % Wachstum	0,04 Punkte Klimaschutz	0,0 %	1,56 %	302,8 %	
3 % Wachstum	0,14 Punkte Klimaschutz	0,0 %	2,86 %	1.165,3 %	
Differenz mit bzw. ohne Klimaschutz mindestens (1,6 % Wachstum)				14,5 %	9.476 $
Differenz mit bzw. ohne Klimaschutz höchstens (3 % Wachstum)				164,8 %	107.455 $

Im Extremfall wären dem Modell zufolge für das Jahr 2011 Klimaschutzkosten zwischen 26 und 91 Mrd. $ aufzuwenden gewesen.

Durch den Zinseszinseffekt vergrößern sich diese Schwankungsbreiten weiter. Das heißt, in 90 Jahren kann der ambitionierte Klimaschutz insgesamt 9.500 Mrd. $ kosten oder gut elfmal so viel, 107.000 Mrd. $, siehe Tab. 4.1.

Diese Beträge hören sich nach unvorstellbar viel Geld an, während 0,04 bis 0,14 Prozentpunkte wie ein relativ geringer Preis klingen. Beide Angaben, die große wie die kleine, kommen im Rahmen üblicher Alltagserfahrungen eher selten vor und sind deshalb schwer greifbar. So lässt sich allein durch die Nennung von Prozentpunkten oder von Absolutbeträgen suggerieren, welche Handlungen aus einer derartigen Berechnung abgeleitet werden sollten.

Die weltweiten Ausgaben für militärische Zwecke lagen im Jahr 2011 bei etwa 1.750 Mrd. $. Diese Summe entspricht etwa dem kompletten Wirtschaftswachstum im Jahr 2011 und war über 50-mal so groß wie die errechneten Kosten des Klimaschutzes. Falls das Modell korrekt ist, würde es genügen, wenn alle Staaten weltweit rund 2 Prozent ihrer Militärbudgets einsparten.

Hollywood ist verglichen damit relativ günstig. Der vierte Teil von „Fluch der Karibik" hält den Rekord für die teuerste Produktion aller Zeiten mit einem Budget von 410 Mio. $. Der Klimaschutz kostet also in einem Jahr etwa so viel wie 100 vergleichbar teure Hollywood-Filme. Ein ganz anderer Bezugswert fände sich in der Pharmaindustrie. Der Pharmakonzern Bayer verzeichnete für das Jahr 2011 einen Umsatz von knapp 47 Mrd. $. Das allein hätte gereicht, um den Klimaschutz zu finanzieren, sogar mit 20 Prozent Reserve.

Diese Vergleiche helfen dabei, kaum vorstellbare Größenordnungen wenigstens ungefähr einzuordnen. Ohne sie könnte man von einer „Manipulation durch Unterlassen" sprechen, da die unkommentierte Angabe einer extrem groß (oder extrem klein) erscheinenden Zahl dem Leser das Gefühl vermittelt, es handle sich um etwas Außergewöhnliches, auf das irgendjemand reagieren müsse. Auch so lässt sich Politik machen.

Zum Nachlesen:

IPCC: Climate Change: Mitigation of Climate Change. Contribution of Working Group III to the Fifth Assessment Report of the Intergovernmental Panel on Climate Change, Cambridge University Press, Cambridge, 2014.

SIPRI: Sipri Yearbook 2013: Armaments, Disarmament and International Security. SIPRI, 2013.

Sylt, C.: Fourth Pirates Of The Caribbean Is Most Expensive Movie Ever With Costs Of $410 Million. Forbes, 22.07.2014.

World Bank: Gross domestic product 1960–2012. World Development Indicators Database, 17.04.2015.

5
Gesundheit und Ernährung

5.1 Was uns umbringt

Schweinegrippe, H5N1 (Vogelgrippe), Ebola, EHEC – solche Epidemien scheinen unsere Gesundheit massiv zu bedrohen. Es ist also Zeit, die Zahlen, die dazu in den Medien gemeldet werden, einmal einzuordnen. Wie viele Leute stecken sich täglich mit anderen eher alltäglichen Krankheiten an? Wie viele sterben an „banalen" Ursachen, die es selten in die Tagesschau schaffen, beispielsweise einer Blinddarmentzündung oder anderen eher gewöhnlichen Krankheiten?

Juni 2011, Gesundheitsnotstand durch EHEC. Die Zahlen der Erkrankten und der Verstorbenen steigen laufend – das erweckt den Eindruck, dass es sich bei dem mutierten EHEC-Erreger vom Typ O104 um ein besonders gefährliches Bakterium handelt. Wie gefährlich ist es denn tatsächlich?

Am 26. Juli desselben Jahres erklärte das Bundesamt für Risikobewertung die EHEC-Welle mangels neuer Auftritte der Krankheit für beendet. Die Gesamtbilanz beläuft sich auf rund 3.800 gemeldete Fälle, darunter 855 von HUS, dem hämolytisch-urämischen Syndrom, einer Komplikation, die zu Nierenversagen führen kann. Insgesamt forderte die Epidemie 53 Menschenleben. 35 Menschen starben am HUS und 18 an der Magen-Darm-Entzündung selbst.

Ganz grundlegend bei der Bewertung von Krankheitsrisiken ist der Unterschied zwischen Letalität und Mortalität – viele Medien schrieben von Mortalität, meinten aber die Letalität. Mortalität meint hier die Wahrscheinlichkeit, in einem bestimmten Zeitraum an EHEC zu erkranken und zu sterben. Letalität ist die bedingte Wahrscheinlichkeit, an EHEC zu sterben, wenn man bereits daran erkrankt ist. 53 Todesfälle entsprechen einer Letalität von 4,1 Prozent der HUS-Fälle, also 21 von 500 Patienten. Insgesamt käme man so auf eine Mortalität von 6,6 Menschen pro 10 Mio. Einwohner. In den Vorjahren wurden rund 1.000 EHEC-Fälle und rund 60 HUS-Fälle jährlich beobachtet, und im Jahr 2010 sind insgesamt 2 Menschen in Deutschland an HUS verstorben. Das ergab eine mit 3 Prozent ähnlich hohe Letalität, aber eine viel geringere Komplikationsrate und eine völlig zu vernachlässigende Mortalität.

Die Datenbank des Robert-Koch-Instituts enthält Zahlen zu allen meldepflichtigen Durchfallerkrankungen, so dass man die EHEC-Fälle vergleichen kann mit den Fällen, bei denen ein Norovirus oder Salmonellen Durchfall hervorgerufen haben. Bis Mitte Juli 2011, als die EHEC-Epidemie für beendet erklärt wurde, waren bereits rund 73.400 Fälle von Norovirus-Gastroenteritis beim Robert-Koch-Institut gemeldet. Bis zum Jahresende sollten es 116.000 werden. Die Letalität dieser Erkrankung ist mit 0,04 Prozent sehr gering, sie ist vor allem für kranke oder alte Menschen wegen der Gefahr von Austrocknung und Nierenversagen gefährlich. Aufgrund der viel höheren Erkrankungsraten geht die geringere Letalität trotzdem mit einer EHEC-ähnlichen

Mortalität einher. So waren im selben Jahr (2011) 43 Menschen an den Folgen einer Noroviren-Infektion gestorben.

Im Jahr 2011 traten auch knapp 24.500 Fälle von Salmonellose auf. Zehn Jahre zuvor waren es noch dreimal so viele, zwei Jahre später nur noch rund 19.000. Unter diesen gab es 22 bestätigte Todesfälle, was einem Anteil von etwas über 0,1 Prozent beträgt und damit dem bei den Noroviren entspricht. Die Letalität bewegt sich damit ungefähr auf demselben Niveau wie EHEC ohne HUS, denn 18 Todesopfer auf rund 2.950 Krankheitsmeldungen ergibt einen Anteil von rund 0,6 Prozent.

Manchmal tut der Bauch auch aus anderen Gründen weh. Eine ganz normale Erkrankung, der selten Beachtung geschenkt wird, ist die Blinddarmentzündung. Sieben bis acht Prozent der Bevölkerung erleiden in ihrem Leben einmal eine akute Blinddarmentzündung; pro 100.000 Einwohner treten gut 100 Fälle im Jahr auf. Die Letalität liegt allgemein bei unter einem Prozent, und wenn eine Bauchfellentzündung als Komplikation dazukommt, steigt sie auf 6 bis 15 Prozent. Auch hier sind vor allem ältere Menschen gefährdet. Die Letalität dieser Komplikation ist damit zwei- bis viermal so hoch wie die Letalität der EHEC-Komplikation HUS. Pro Jahr sterben etwa 80 Personen infolge einer Blinddarmentzündung, anderthalbmal so viel wie beim EHEC-Ausbruch.

In absoluten Zahlen klingt alles dennoch nicht besonders dramatisch. Weder Blinddarmentzündung noch Noroviren gehören zu den Haupttodesursachen in Deutschland, bei denen völlig andere Dimensionen von Todesfällen auftreten.

In der deutschen Todesfallstatistik liegt seit Jahren die Lungenentzündung auf einem der ersten zehn Plätze; 2013 starben daran rund 19.000 Personen, mehr als jeder fünfzigste Verstorbene. Die im Alltag „eingefangene", meist bakterielle Lungenentzündung ist die weltweit häufigste Infektionskrankheit, an der jährlich laut Schätzungen drei bis vier Mio. Menschen weltweit sterben. Für Deutschland gibt es keine genauen Zahlen über die Erkrankungen, man geht aber von 350.000 bis 500.000 Fällen im Jahr aus. Damit liegt die Letalität bei etwa vier bis fünf Prozent.

Eine statistisch sehr bemerkenswerte Erkrankung ist allerdings die sonstige Sepsis („Blutvergiftung"). Von 1998 bis 2013 stieg sie in der Liste der häufigsten Todesursachen von Platz 50 auf Platz 25 auf. Dabei verharmlost die amtliche Statistik sogar noch ihre Bedrohlichkeit, denn es handelt sich bei der Sepsis um einen „heimlichen Killer". Sepsis ist ein Spezialfall des so genannten „Systemischen Inflammatorischen Response-Syndroms" (SIRS), einer Entzündungsreaktion des gesamten Körpers. Von Sepsis spricht man, wenn dabei eine Infektion nachgewiesen wird. In Deutschland erkranken jährlich etwa 154.000 Menschen an SIRS, und beinahe jeder dritte Erkrankte stirbt daran. Das sind etwa 150 Menschen am Tag. Tabelle 5.1 stellt alle diese Zahlen einander gegenüber (und zeigt nebenbei, wie man durch Division ungefährer Zahlen plötzlich sehr präzise Angaben machen kann).

SIRS tötet oft im Verborgenen. Denn als Todesursache registriert das Statistische Bundesamt fast immer die jeweilige Grunderkrankung. Wer wegen einer Herzkrankheit in der Klinik liegt, dort an einer Sepsis erkrankt und daran stirbt, dessen formale Todesursache ist die Herz-Kreislauf-

Tab. 5.1 Mortalität und Letalität verschiedener Krankheiten, ø = Jahresdurchschnitt

Krankheit	Anzahl Erkran- kungen	Todes- fälle	Letalität	Mortalität pro 10 Mio. Einwohner	Zeitraum
EHEC	2.945	18	0,61 %	2,25	2011
EHEC/HUS	855	35	4,09 %	4,38	2011
Gesamt	3.800	53	1,39 %	6,63	2011
ø EHEC	1.000	k.A.			
ø EHEC/HUS	60	2	3,33 %	0,25	o.A.
Norovirus-Gas- troenteritis	116.000	43	0,04 %	5,38	2011
Salmonellose	19.000	22	0,12 %	2,75	2013
ø Blinddarm- entzündung	80.000	80	0,10 %	10,00	o.A.
ø Lungenent- zündung	425.000	19.000	4,47 %	2.375,00	o.A.
ø Sepsis	154.000	54.750	35,55 %	6.843,75	o.A.

Erkrankung. Tatsächlich konkurriert SIRS mit über 50.000 Todesopfern pro Jahr mit dem Herzinfarkt um Platz zwei bis drei der häufigsten Todesursachen.

Man weiß bis heute nur bedingt, warum jemand an SIRS erkrankt und was man dagegen tun kann. Wenn es passiert, ist es oft schon zu spät. Zwölf Prozent der Erkrankten erlitten nach einer Studie des „Kompetenznetzwerks Sepsis" eine schwere Sepsis, und bei einer durchschnittlichen Krankheitsdauer von 8,5 Tagen starben davon 55 Prozent.

Andere Lebensgefahren lassen sich allerdings wirkungsvoller bekämpfen. Auch wenn EHEC über das Essen kam, essen und trinken sich Menschen eher auf andere Weise zu Tode. Alkoholische Lebererkrankungen und psychische oder Verhaltens-Störungen durch Alkohol machten 2013 zusammen rund 13.000 Todesfälle aus. Adipositas (Fettleibigkeit) fand sich mit 2.135 Todesfällen auf Rang 77. Fünfzehn Jahre früher waren es noch 941 Fälle gewesen, deutlich weniger als die Hälfte. Aber bei solchen Beschwerden, die auch zu Folgeerkrankungen wie Diabetes oder Krebs führen können, lässt sich eine genaue Zahl kaum bemessen.

Sonstige ungenau oder nicht näher bezeichnete Todesursachen pendeln in dieser Statistik im Übrigen immer ungefähr auf Rang 15. Bei jedem siebzigsten Toten weiß man also nicht, woran er eigentlich gestorben ist. Sicher scheint nur: Die angeblichen Killer-Viren, vor denen wir uns am meisten fürchten, bringen uns nur selten um.

Zum Nachlesen:

Appel, B. et al.: EHEC Outbreak 2011. Investigation of the Outbreak Along the Food Chain. Bundesinstitut für Risikobewertung, BfR-Wissenschaft 03, Berlin, 2012.

Blawat, K.: Norovirus – Der perfekte Erreger. Süddeutsche Zeitung, 07.01.1013.

Deutsche Sepsis-Hilfe e. V.: Informationen zur Sepsis. www.sepsis-hilfe.org, o. J.

Engel, C. et al.: Epidemiology of sepsis in Germany: Results from a national prospective multicenter study. Intensive Care Medicine 33, S. 606–618, 2007.

Gesundheitsberichterstattung des Bundes: Informationssystem. www.gbe-bund.de, o. J.

Helmholtz Zentrum München: Lungenentzündung – Verbreitung. www.lungeninformationsdienst.de, o. J.

Robert-Koch-Institut: Infektionsgeschehen von besonderer Bedeutung. Supplement zum Epidemiologischen Bulletin Nr. 21, 30.05.2011

Robert-Koch-Institut: Epidemiologisches   Bulletin 31/2011, 08.08.2011.

Robert-Koch-Institut: Infektionsepidemiologisches Jahrbuch meldepflichtiger Krankheiten für 2001. Berlin, 2002.

Robert-Koch-Institut: Infektionsepidemiologisches Jahrbuch meldepflichtiger Krankheiten für 2011. Berlin, 2012.

Robert-Koch-Institut: Infektionsepidemiologisches Jahrbuch meldepflichtiger Krankheiten für 2013. Berlin, 2014.

Statistisches Bundesamt: Die 10 häufigsten Todesursachen. www.destatis.de, o. J.

Sülberg, D.: Die Altersappendizitis – Der CRP-Wert als Entscheidungshilfe. Dissertation an der Ruhr-Universität Bochum, 2008.

5.2 Wie Essen unsere Gesundheit bedroht

„Der Verbraucher hat das Gefühl, vergiftet zu werden – doch die wahren Lebensmittelrisiken liegen ganz woanders", schrieb die ZEIT in ihrer Ausgabe vom 23. Januar 2011. Fast jeder zweite Deutsche sei übergewichtig. „Wir essen schlechter als 1960", titelte die Frankfurter

Rundschau, und auch sie zitierte Experten, die eher unser Ernährungsverhalten an sich als die Belastung der Lebensmittel mit immer neuen Schadstoffen kritisieren.

Richtig ist: Es gibt praktisch kein Essen ohne die rund 200 chemischen Verbindungen, die bei Verbrennungsprozessen entstehen und landläufig „Dioxine" genannt werden, denn Dioxine sind im Boden und werden von Tieren und Pflanzen aufgenommen. Laut der Europäischen Behörde für Lebensmittelsicherheit sind 2 pg (Pikogramm, Billionstel Gramm) pro kg Körpergewicht auf Dauer akzeptabel, und die Weltgesundheitsorganisation nennt eine Spanne von 1 bis 4 pg/kg. Und alle Jahre wieder melden Medien, dass bei irgendwelchen Lebensmitteln erhöhte Dioxinbelastungen festgestellt wurden.

Bereits 2004 überschritten 26 Prozent der Bio-Eier aus den Niederlanden und ähnlich viele aus Belgien den Dioxin-Grenzwert von 3 pg pro Gramm enthaltenem Fett. Zur Belastung von Freiland-Eiern findet sich ein wissenschaftliches Paper schon aus dem Jahr 1989. Der Dioxingehalt der Muttermilch, ein guter Indikator für den Dioxingehalt im Körper, ist aber von 1986 (35,7 pg/g Milchfett) bis 2009 (6,3 pg/g Milchfett) um mehr als 80 Prozent zurückgegangen, wie das Bundesinstitut für Risikobewertung (BfR) in seinem Jahresbericht für 2011 festgestellt hat. Ist die Gefahr im Essen also gebannt?

Die aktuelle Studie, die unter anderem für solche Berechnungen als Grundlage dient, muss man wieder einmal genau lesen. Denn sie enthält reihenweise Unsicherheiten, etwa wenn in Lebensmitteln keine Schadstoffe gemessen werden konnten, weil deren Konzentration unter der Nachweisgrenze lag. Die Belastung wird dann einmal gleich der minimal bestimmbaren Menge gesetzt und einmal so angesetzt, als seien keine Schadstoffe enthalten – irgendwo dazwischen liegt wohl die Wahrheit.

Bedauerlich ist auch, dass immer nur die mittlere gemessene Schadstoffkonzentration pro Lebensmittel in die Berechnung eingeht und die Studie nur zum Teil offenlegt, wie groß die Schwankungsbreiten sind. Das Bundesinstitut für Risikobewertung merkt dabei selbst an, dass die Messunsicherheiten der Labore unterschiedlich groß sind, dass lediglich Verdachtsproben untersucht wurden und dass daher insgesamt kein repräsentatives Bild der Belastungssituation auf dem deutschen Markt widergegeben wird. Wenn all diese Schätzwerte addiert und durch die Bevölkerung geteilt und eventuell sogar noch auf das durchschnittliche Körpergewicht in kg umgerechnet werden, kommen dafür wenigstens schöne, das heißt krumme, Zahlen heraus. Viele Nachkommastellen suggerieren eine Präzision, die die zugrundeliegenden Daten nicht aufweisen.

Bei aller Ungenauigkeit haben tendenziell die Deutschen heute weniger Dioxin im Fettgewebe als vor 20 Jahren, aber dafür mehr Fett im Körper. Im November 2014 veröffentlichte das Statistische Bundesamt auf der Zahlenbasis von 2013 auf seiner Web-Seite, dass insgesamt 52 Prozent der erwachsenden Bevölkerung übergewichtig sind. Betroffen sind 62 Prozent der Männer und 43 Prozent der Frauen. Die Zahlen entstammen einer Zusatzbefragung zum Mikrozensus. Erfragt wurden Größe und Gewicht, aus denen sich dann der Body Mass Index als Maßstab für Unter-, Normal- bzw. Übergewicht berechnen lässt. Offenbar hat die Masse der Deutschen erheblich zugenommen. Denn im Jahr 1999 waren insgesamt nur 48 Prozent der Befragten übergewichtig, davon 56 Prozent der Männer und 40 Prozent der Frauen.

Doch es scheint schon schlimmer gewesen zu sein, wenn man auf eine weitere nationale Befragung blickt: die Nationale Verzehrsstudie II, deren Daten 2005/06 erhoben wurden. Demnach waren etwa zur Halbzeit zwischen den beiden Erhebungsjahren des Mikrozensus bereits 58 Prozent aller Deutschen übergewichtig. 66 Prozent der Männer und 51 Prozent der Frauen brachten damals zu viel auf die Waage. Also Entwarnung? Werden wir Deutschen doch wieder schlanker?

Ein kleiner Teil der Veränderung, die das Statistische Bundesamt im Mikrozensus misst, lässt sich zumindest demografisch erklären. Bei den 70- bis 74-Jährigen sind nämlich drei Viertel der Männer und fast zwei Drittel der Frauen übergewichtig, bei den 20- bis 24-Jährigen nicht einmal jeder dritte Mann und knapp jede fünfte Frau. Wenn die Bevölkerung altert und Menschen mit dem Alter zunehmen (aber dabei üblicherweise nicht wachsen, sondern eher schrumpfen), dann sind statistisch gesehen mehr Übergewichtige dabei.

Das eigentlich Aufschlussreiche ist der Unterschied zwischen Mikrozensus und Nationaler Verzehrsstudie. Im Mikrozensus werden die Leute befragt, wie viel sie wiegen, in der Verzehrsstudie werden sie gewogen und gemessen. Deswegen sagen die Zahlen weniger darüber aus, wie sich das Gewicht der Deutschen verändert hat, sondern vielmehr darüber, wie Männer und Frauen gleichermaßen lügen, wenn es um ihr Gewicht geht.

Ohnehin ist die Definition von Übergewicht anhand des Body Mass Index (BMI) kritisierbar. Der BMI, das Gewicht in Kilogramm, dividiert durch die quadrierte Größe in Metern, misst so etwas wie den Durchmesser eines Körpers und der ist grob proportional zum Bauchumfang. Liegt er bei über 25, gilt die Person als übergewichtig. Diese Grenze ist nicht nur willkürlich gewählt; sie ist vor allem bei sportlichen oder gar athletischen Menschen irreführend, da Muskelmasse eben mehr wiegt als Fett.

Angesehene Marktforschungsinstitute führen immer wieder repräsentative Studien zu Ernährungsverhalten und Diätvorsätzen durch. Laut einer aktuellen Umfrage des Allensbach-Instituts würden 45 Prozent der Deutschen gerne abnehmen: 39 Prozent der Männer und 51 Prozent der Frauen. Der Abnehmwunsch verhält sich offenbar umgekehrt zur Häufigkeit des Gewichtsproblems. Bei Personen mit einem BMI von über 30, also mit Adipositas, würden 84 Prozent gerne an Gewicht verlieren oder anders ausgedrückt, jeder sechste stark Übergewichtige möchte das gar nicht ändern. Laut diesen Zahlen haben 38 Prozent der Befragten bereits mindestens einmal eine Diät gemacht. Übrigens bezeichnete sich selbst nicht einmal jeder Zweite in der Studie als übergewichtig…

Laut einer weiteren Studie auf dem Internetportal Statista stimmen jedoch nur rund 13 Prozent grundsätzlich der Aussage zu, dass sie froh wären, wenn sie etwas abnehmen könnten. Und umgekehrt findet sich dort auch wiederum eine Umfrage, wonach in den zwei Jahren vor der Befragung 82 Prozent eine Diät gemacht haben. Nicht nur die Studien widersprechen also einander, sondern auch die Befragten sich selbst. Womöglich wollen wir es gar nicht so genau wissen, wenn es dem eigenen Speckmantel an den Kragen gehen könnte.

Zum Nachlesen:

Bundesvereinigung Deutscher Apothekerverbände: Was tun die Deutschen für die Prävention? Infas, 2008.

Max-Rubner-Institut: Nationale Verzehrsstudie II. Ergebnisbericht, S. 81, Karlsruhe, 2008.

Bundesinstitut für Risikobewertung: Jahresbericht 2011. Berlin, 2012.

Bundesinstitut für Risikobewertung: Kein gesundheitliches Risiko durch den Verzehr von Eiern und Fleisch auf der Basis aktuell ermittelter Dioxingehalte. Stellungnahme Nr. 002 vom 26. Januar 2011.

Bundesamt für Verbraucherschutz und Lebensmittelsicherheit: Dioxine und andere langlebige organische Verbindungen. www.bvl.bund.de, o. J.

Chang, R. et al.: Foraging animals as biomonitors for dioxin contamination. Chemosphere 19, S. 481–486, 1989.

Deutscher Bundestag: Dioxinbelastung in Lebensmitteln. Drucksache 17/4675, 19.02.2011.

Hass, F.: Wir essen schlechter als 1960. Frankfurter Rundschau, 07.01.2011

IfD Allensbach: Fast jeder zweite Deutsche würde gerne abnehmen. Allensbacher Kurzbericht, 10.04.2014.

Statista: Befragung der Bevölkerung in Deutschland nach ihrer Einstellung zur Aussage „Ich wäre wirklich froh, wenn ich etwas abnehmen könnte", von 2010 bis 2014. www.statista.com, o. J.

Statistisches Bundesamt: Jeder zweite erwachsene Deutsche hat Übergewicht. Pressemitteilung Nr. 386, 05.11.2014.

Wewetzer, H.: Dioxin macht nicht dick. Die ZEIT, 23.01.2011

5.3 Wer etwas zu lachen hat

„Dass Humor fit fürs Leben macht und heilen kann, zeigt die Statistik: Kinder lachen 400-mal am Tag, Erwachsene 20-mal, Tote gar nicht. Da erkennt auch der Laie eine Tendenz", behauptet der Mediziner Dr. Eckart von Hirschhausen. Dass Kinder mehr lachen, wurde 1998 in einer Studie auf dem 3. Internationalen Kongress „Humor in der Therapie" vorgestellt; eine ähnliche Aussage findet sich aber schon 1997 im amerikanischen „Journal of Extension".

Autor der angeblich deutschen Studie ist ebenso angeblich Dr. Michael Titze, ein deutscher Lachforscher, der allerdings diese Behauptung nur aufstellt bzw. zitiert. Psychologen und Soziologen verbreiten diese Aussage weltweit – aber ungeprüft. Einmal sind es bei den Kindern 200 Lacher oder auch Lächler, ein andermal 400 oder 600, bei den Erwachsenen dann 15 oder zehn bis 20, einmal sagte Titze in einem Interview auch, Kinder würden zehnmal häufiger lachen als Erwachsene. Tatsächlich gibt es gar keine Studie, die die Häufigkeit des Lachens bei Kindern und Erwachsenen vergleicht. Da erkennt also nur der Laie eine Tendenz, denn wer die Statistik zum Thema genau liest, merkt rasch, dass es womöglich sogar umgekehrt ist.

Die Zahl 15 stammt aus einem Artikel von 1978 in „Psychology Today" und bezieht sich auf den durchschnittlichen Amerikaner. Die Zahl für die Kinder entspringt der Doktorarbeit des amerikanischen Psychologen Lawrence Sherman von 1975. Er untersuchte Videoaufnahmen von Kindergartenkindern und zählte, wie oft er Szenen mit fröhlichen Reaktionen der Kinder finden konnte. Fröhlichkeit umfasst bei ihm allerdings mehr als Lachen. Wenn man die von ihm gefundene Bandbreite multipliziert mit 14 Stunden Wachsein am Tag, dann kommt man auf etwa 200-mal bis 600-mal „Lachen" am Tag. Letztlich wurden so zwei ziemlich alte Studien mit völlig unterschiedlichen Methodiken wild kombiniert. Ähnlich fragwürdig verhält es sich mit der Behauptung, in den fünfziger Jahren habe man noch 18 Minuten am Tag gelacht, heute nur noch sechs Minuten.

Sowohl Kinder als auch Erwachsene lachen vor allem, wenn sie mit anderen zusammen sind. Deswegen kommt es darauf an, wie viel Zeit jemand mit anderen Menschen verbringt. So untersuchten andere Forscher, wie Mütter und ihre zwei Jahre alten Kinder interagierten. Sie beobachteten, dass die Kinder dabei etwa 18-mal pro Stunde lachten, die Mütter aber sogar 33-mal. Beim Spielen lachen fünfjährige Kinder etwa 8-mal pro Stunde. Erwachsene lachen beim Reden mit Freunden hingegen 35-mal. Der Neuropsychologe Robert Provine fand heraus, dass Erwachsene in Gesellschaft 30-mal so oft lachen wie alleine. Als Grund wird unter anderem vermutet, dass Erwachsene gelernt haben, absichtlich zu lachen, um soziale Bindungen zu festigen. Nicht zuletzt nehmen Männer lachende Frauen als attraktiver wahr.

Weltweit gibt es rund 200 Lachforscher, auch Gelotologen genannt. Sie beschäftigen sich zum Beispiel damit, wie Lachen in der Therapie eingesetzt werden kann, oder mit der zwischenmenschlichen Funktion des Lachens. Ein Forschungsgebiet der Gelotologie sind die Gelotophobiker, die Angst vorm Lachen haben. 2 bis 30 Prozent – genauer mag man sich nicht festlegen – der Bevölkerung weltweit empfinden das Lachen anderer stets als „Auslachen". In den USA sollen 11 Prozent betroffen sein, sagt der Psychologe und Lachforscher Professor Willibald Ruch von der Uni Zürich. Über die Unsicherheit seiner Schätzung äußert er sich nicht.

Der Forscher Ruch ist Österreicher – und voll des Lobes für den deutschen Humor. Er sagte der Süddeutschen Zeitung, die Deutschen würden „typisch englischen" Nonsens-Humor sogar lieber mögen als die Briten. Ausgerechnet diese Art von Humor gehe mit den besten Persönlichkeitsmerkmalen einher: Wer britischen Humor mag, „ist eher offen für neue Erfahrungen, interessiert sich für Fremdes, denkt komplexer und ist kreativer". In allen anderen Ländern seien hingegen Sexwitze „statistisch auffällig" beliebter als in Deutschland. Sexwitze repräsentieren laut Ruch ein Bedürfnis nach Macht und eine chauvinistische Haltung.

Deutsche, Engländer und Amerikaner lachen bis zum Alter von etwa 30 Jahren ähnlich gern, aber ab 40 steigen Ernst und schlechte Laune bei den Deutschen stärker an als woanders, behauptet der Lachforscher. Glaubt man anderen Zahlen, so ist deutsches Lachen jedoch alles andere als selten. Anscheinend ist nur ein kleiner Teil der deutschen Erwachsenen übermäßig ernst. Laut „Typologie der Wünsche" können nur 11 Prozent der Deutschen nicht über sich selbst lachen (diejenigen, die auch nicht über andere lachen können, sind vermutlich weitaus weniger). Der Zeitschrift „Focus" sagte die Hälfte der Befragten, sie hätte zuletzt heute so richtig herzhaft gelacht. Auf jeden Fall kommt das Deutsche Jugendinstitut zum Ergebnis, dass 97,7 Prozent aller Kinder gerne lachen. Gemäß der Apotheken-Umschau glauben 94,6 Prozent der Deutschen, dass Lachen gesund sei, und laut Michael Titze würden 90 Prozent der Deutschen gerne mehr lachen.

Wie viel und wie gerne wir lachen und was genau am Lachen so gesund sein soll, darüber lässt sich trefflich streiten. Keine der Studien zum gesundheitlichen Nutzen des Lachens genügt wissenschaftlichen Kriterien. Anders als in der klinischen Forschung lässt sich eben schon der Placebo-Effekt nicht kontrollieren. Menschen merken es nun einmal, ob sie lachen oder nicht, anders als bei den kleinen Pillen, denen man von außen nicht ansieht, ob sie einen Wirkstoff enthalten oder bloß Zuckerkügelchen sind. Und wenn eine Studie der School of Medicine an der University of Maryland zu dem Ergebnis kommt, dass Lachen einem Herzinfarkt vorbeugen könne, dann reicht ein flüchtiger Blick ebenso wenig. Die Studie ließ Probanden einen lustigen oder spannenden Film ansehen und entdeckte bei denjenigen, die die Komödie gesehen (und darüber gelacht) hatten, deutlich erweiterte Blutgefäße. Ob das auf das Lachen an sich zurückzuführen ist oder auf die Entspannung, lässt sich mit einem derartigen Versuchsaufbau nicht feststellen.

Ganze 22 Patienten mit einer chronischen Lungenerkrankung durften ebenfalls Videos anschauen, aber diesmal standen Komödien und Dokumentarfilme zur Auswahl.

Ihnen ging es nach lautem Lachen erst einmal schlechter. Trotzdem glaubten die Forscher der Northwestern University in Chicago, dass humorvolle Lungenkranke mehr Lebensqualität besäßen; sie litten seltener an Depressionen und Ängsten. Schwer zu sagen, ob Lachen Depressionen mindert oder ob es sich leichter lacht, wenn man nicht depressiv ist; die Frage nach der Kausalität konnte die Forschung an den immerhin 46 untersuchten Patienten nicht beantworten.

Die typischen Studien zum Lachen umfassen sehr wenige Personen, die außerdem nicht repräsentativ für die Bevölkerung sind, und es lässt sich nicht differenzieren, ob Lachen Ursache, Wirkung oder Begleiterscheinung einer positiven Lebenseinstellung ist. Dass Deutsche gerne lachen, noch mehr lachen möchten und dass unser Humor auch noch besonders hochwertig ist, das sind jedoch „Weisheiten", die die meisten von uns gerne im Wartezimmer oder beim Friseur lesen. Statistisch gesehen lässt sich wohl nur eines sicher sagen: Mit Lachforschung lassen sich Schlagzeilen machen.

Zum Nachlesen:

Faust, V.: Lachen ist die beste Medizin. Arbeitsgemeinschaft Psychosoziale Gesundheit, o. J.

Hasset, J. und Houlihan, J.: What's so funny? Psychology Today 12, S. 101–113, 1978.

Joung, F.: Lachen ist Joggen im Sitzen. Interview mit Michael Titze. Spiegel Online, 17.01.2014.

N. N.: Lachen ist gesund – für die Blutgefäße. Medical Observer Online, 11.08.2011.

N. N.: Deutsche lachen oft von Herzen. Focus Online, 22.10.2006.

N. N.: Ein seltsames Völkchen. Humor: komplex und kreativ. Interview mit Willibald Ruch, 19.05.2010.

Provine, R.: The Science of Laughter. Psychology Today, 01.11.2000

Sherman, L. W.: An Ecological Study of Glee in Small Groups of Preschool Children. Child Development 46(1), S. 53–61, März 1975.

Wahl, K.: Lachen, weinen, ärgern: Die Gefühlswelt der Kinder – Emotionen, Kompetenzen, Risiken. Deutsches Jugendinstitut, München 2008.

5.4 Wer welches Fleisch isst

Schnitzel, Burger, Würstchen: Jeder Deutsche verzehrt davon im Jahr so viel, wie er selber wiegt – im Durchschnitt jedenfalls. Der Bundesverband der Fleischindustrie schätzt die verbrauchte Fleischmenge in Deutschland für das Jahr 2012 auf 5.135 Tonnen; pro Kopf sind das rund 87 kg. Ein Drittel davon kommt nie auf den Teller, sondern wird vorher industriell verwertet, zu Futter verarbeitet oder bereits in der Produktionskette in den Abfall geworfen. Davon muss man noch einmal das abziehen, was im Hausmüll landet. Umgekehrt leben manche Deutsche vegetarisch oder vegan. Rechnerisch isst also, statistisch gesehen, ein Deutscher im Mittel pro Jahr 58 kg Fleisch, wenn er überhaupt welches isst.

Davon stammen etwa zwei Drittel von Schweinen und der Rest je zur Hälfte von Rindern und Geflügel. Der Rundungsfehler, der übrig bleibt, entfällt zu weiten Teilen auf Schafe und Ziegen, selbst wenn von Zeit zu Zeit im Zuge von Skandalen Pferdefleisch in aller Munde zu sein scheint. Pferde sind sozusagen der Rundungsfehler des Rundungsfehlers. Gerade weil die absoluten Mengen hier so winzig sind, wird der durchschnittliche Hamburger wohl doch mehr Rind als Pferd enthalten; die Betrüger können schlicht nicht derart große Mengen liefern.

Pferdemetzger verweisen darauf, dass Pferdefleisch sozusagen im Galopp, d. h. im Vormarsch, unterwegs ist. Bei einer Zuwachsrate von 15 Prozent im Jahr 2011 ist unser offizieller Pferdefleischkonsum „zehnmal schneller" gewachsen als der Schweinefleischkonsum und auch schneller als der Konsum jeder anderen Fleischsorte. Bis 2013 wuchs dann der Pferdefleisch-Markt weiter um 33 Prozent, der Schweinefleisch-Konsum ging dagegen zurück. Aber mit solchen Prozentangaben kann man ziemlich gut tricksen, wie Abb. 5.1 verdeutlicht. Die Menge, die dahinter steckt, ist nämlich winzig. Absolut sind zuletzt pro Jahr gerade einmal 4.000 Tonnen Pferdefleisch hergestellt worden, das entspricht weniger als 50 g pro Bundesbürger. Dazu bezieht sich diese Zahl auf das Schlachtgewicht und nicht auf das Gewicht des tatsächlich verzehrten Fleischs. Letzteres sind anteilig weniger als 35 g und damit die Menge, die auf ein mittelgroßes Salamibrot passt.

Aber unser Fleisch, egal ob von Rind, Pferd oder Schwein, kommt nicht unbedingt aus Deutschland. Die Länge und die internationale Vernetzung der Logistikketten sind in der Lebensmittelbranche nahezu beispiellos, denn es herrscht

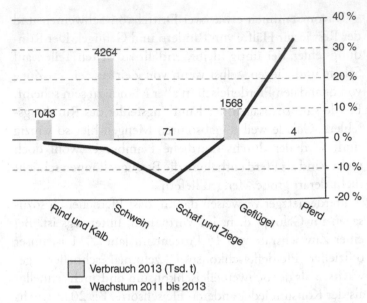

Abb. 5.1 Verbrauch (Balken) und Wachstum (Kurve) des Verbrauchs verschiedener Fleischarten

ein knallharter Preisdruck. Bei einer Tiefkühl-Lasagne, die kaum mehr kostet als das Pfand auf den Einkaufswagen, wird der Anbieter alle Schlachthöfe abklappern, um das billigste Fleisch zu bekommen. Im Pferdefleisch-Skandal vom Februar 2013 wurde Fleisch deshalb illegal umdeklariert. Dabei waren Firmen in Frankreich, Luxemburg, den Niederlanden, Zypern und Rumänien involviert. Pferdefleisch ist in anderen Teilen Europas und der Welt beliebter als hierzulande, deshalb auch billiger.

In China kommt Pferd am häufigsten auf den Teller. Chinesen waren 2005, daher stammt die aktuellste Zahl, die mit Abstand größten Konsumenten von Pferdefleisch.

Allerdings belief sich die Gesamtmenge auch nur auf 421.000 Tonnen bei 1,3 Mrd. Menschen. Absolut gesehen sind das 300 g pro Kopf, bei einem Gesamt-Fleischkonsum von 40 kg. Entgegen manchen Gerüchten stammt der Rest nicht von Hunden, sondern auch in China isst man eher Schwein, Rind oder Geflügel. In Europa sind die größten Pferdeliebhaber die Italiener mit etwa 60.000 Tonnen oder einem Kilo pro Kopf. Allerdings wäre der Verkauf im Jahr 2010 fast verboten worden, was zeigt, wie gering dessen Bedeutung ist. Niemand würde vermutlich vorschlagen, Schweinefleisch zu verbieten, obwohl auch damit gemogelt wird. In einer Stichprobe von 20 Dönerbuden entdeckte man schließlich nur bei einer Probe knapp ein Prozent Pferdefleisch. In drei Proben fand man aber bis zu sieben Prozent undeklariertes Schweinefleisch.

Dabei ist Pferdefleisch gar nicht gesundheitsschädlich, sondern gilt als eisenreich und fettarm. Das Problem am Skandal ist wohl mehr die Frage, wie Kontrollen sicherstellen sollen, dass nur gesunde Kühe im Burger landen, wenn sie nicht einmal überprüfen können, dass nur Kühe im Burger landen. Selbst wenn man das Fleisch an sich kontrollieren könnte, wären die Buletten noch lange nicht pferdefrei. Denn Pferde-DNA kommt auch in Form von Bindestoffen oder anderen Proteinerzeugnissen in die Fertiggerichte.

Potenziell schädlich sind aber die Arzneimittel, die den Pferden im Laufe ihres Lebens verabreicht wurden. Etwa das Phenylbutazon, das bei Menschen noch bei Gicht und Polyarthritis zugelassen ist, aber wegen schwerer Nebenwirkungen kaum angewandt wird. Phenylbutazon wird gerne beim Doping von Rennpferden eingesetzt. Nachweislich gerieten drei positiv getestete Pferde aus Großbritannien in Frankreich in die Nahrungskette. Andererseits wird Arbeitspferden das Medikament verabreicht, z. B. in Rumänien. Dort sind viele Pferde seit dem Verbot von Pferdefuhrwerken auf öffentlichen Straßen buchstäblich arbeitslos.

Da aber nur ein Bruchteil der Produkte überhaupt Pferd enthält, nur ein Bruchteil davon in größeren Mengen und nur ein Bruchteil der Pferde zum Zeitpunkt ihres Todes mit dem Mittel vollgepumpt waren, sollte das Risiko für Menschen letztlich überschaubar sein. Will man es ganz vermeiden, dann darf man nur Pferde essen, die speziell zum späteren Verzehr gezüchtet wurden. Bloß findet sich deren qualitativ hochwertiges Fleisch kaum in der Billig-Lasagne.

Ein Viertel der Bevölkerung sieht den Fleischkonsum kritisch, behaupten Forscher der Universitäten Göttingen und Hohenheim. Kritisch zu sehen ist zu allererst diese Zahl. Über den Anteil von Vegetariern an der Gesamtbevölkerung kursieren verschiedenste Schätzungen, die sich zwischen 1 und 10 Prozent bewegen. Gerade hinter den Extremwerten stecken wohl eher Interessen als die Wahrheit. Wissenschaftler an der Universität Göttingen kommen in einer Studie auf rund 4 Prozent Vegetarier, 12 Prozent Flexitarier (s. u.) und 10 Prozent Fleischesser, die aber zukünftig weniger Fleisch essen wollen – zusammen 26 Prozent der Befragten. Veganer machen keine statistisch relevante Gruppe aus. Von den selbsternannten „Vegetariern" gibt zudem die Hälfte an, Fisch zu essen.

Die so genannten „Flexitarier" sind eine sehr heterogene Gruppe. Manche essen nur bestimmte Fleischsorten, manche generell wenig Fleisch oder nur zu besonderen Anlässen. Wie konsequent sie das tun, darüber lässt sich nur spekulieren. Dies gilt insbesondere für Personen, die nur weniger essen wollen. Demgegenüber gelten drei Viertel als „unbekümmerte Fleischesser". Zumindest dieser Wert scheint belastbar, ebenso die zwei Prozent „echten" Vegetarier, die auch keinen Fisch essen. Die Behauptung, ein Viertel der Deutschen sehe den Fleischkonsum kritisch, wirkt allerdings ganz anders als die tatsächlich belegte Aussage, dass drei Viertel sich gar keine Gedanken zu ihrem Fleischkonsum machen und nur zwei Prozent darauf verzichten, Tiere zu essen.

Warum gibt es aber in den Supermärkten immer mehr vegetarische Produkte? Weil tatsächlich doppelt so viele Menschen ganz auf Fleisch verzichten wie noch im Jahr 2006. Zwei Prozent entsprechen immerhin 1,2 Millionen erwachsenen Deutschen. Vegetarier und Flexitarier sind Umfragen zufolge überdurchschnittlich gebildet, haben ein höheres Einkommen und befassen sich intensiver mit den Themen Tierschutz, Ökologie, Gesundheit und Ernährung. Früher war Fleischkonsum ein Zeichen von Wohlstand. Heute kann man Status demonstrieren, indem man auf Fleisch verzichtet. Gerade „Flexitarier" ist ein Etikett, das nach Reflektion und einem bewussten Lebensstil klingt, obwohl es letztlich sehr wenig aussagt.

Zum Nachlesen:

AFAC: The Alberta Horse Welfare Report. Alberta, 2008.

Bundesverband der Deutschen Fleischwarenindustrie: Geschäftsbericht 2012/2013. Bonn, 2014.

Cordts, A. et al.: Fleischkonsum in Deutschland. Von unbekümmerten Fleischessern, Flexitariern und (Lebensabschnitts-)Vegetariern. FleischWirtschaft 07, 2013.

Deutscher Fleischer-Verband: Geschäftsbericht 2014. S. 36–39, Frankfurt a. M., 2015.

Deutscher Fleischer-Verband: Geschäftsbericht 2012. S. 38–41, Frankfurt a. M., 2013.

Deutscher Fleischer-Verband: Geschäftsbericht 2008. S. 34–37, Frankfurt a. M., 2009.

Heinrich-Böll-Stiftung: Fleischatlas 2014, Daten und Fakten über Tiere als Nahrungsmittel. Berlin, 2014.

Statistisches Bundesamt: Schlachtungen und Fleischerzeugung 4. Fachserie 3 Reihe 4.2.1, Wiesbaden, 2012.

5.5 Warum Alkohol nicht gesund ist

Ein Gläschen Wein am Tag sei gut für die Gesundheit, heißt es mit schöner Regelmäßigkeit in den Medien. Soll man darauf anstoßen? Besser nicht. Alkohol ist ein Nervengift, mit teils angenehmen Vergiftungserscheinungen. Zugleich haben einige alkoholische Getränke, allen voran Wein, durchaus gute Inhaltsstoffe. Die sind allerdings auch in Traubensaft enthalten.

Die interessante Frage ist: Hat Alkohol selbst, gerade die spezielle Kombination der Stoffe im Wein, positive Effekte für die Gesundheit? Leider gibt es darauf keine verlässliche Antwort. Ein zentrales Problem ist die Zuverlässigkeit von Ernährungsstudien. Meist gibt es zu jeder ernährungswissenschaftlichen Studie eine ebenso gute (oder schlechte) Studie, die zum gegenteiligen Ergebnis kommt. Nur die wirklich eindeutigen Zusammenhänge, etwa dass Rauchen und Alkoholismus tödlich sind, können sicher belegt werden.

Grund hierfür ist die Vielzahl an Einflussfaktoren. Um zu zeigen, dass Wein gesundheitsfördernd ist, benötigt man zwei Gruppen, die in jeder Hinsicht identisch sind. Eine trinkt eine kontrollierte Menge Wein, die andere nicht. Dazu müssten die Forscher entweder strikte Kontrollen über den gesamten Lebenswandel ihrer Probanden ausüben oder sehr hohe Fallzahlen untersuchen, in der Hoffnung, dass alles andere sich herausmittelt. Bei neuen Medikamenten werden solche Studien mit hohem Aufwand durchgeführt. Bei „normaler" Ernährung muss ein Forscher oft nehmen, was er kriegen kann, und gerade schwache Effekte sagen mehr über die Studienteilnehmer selbst als über die Folgen einer bestimmten Ernährung aus.

Konkret zeigt sich die Vermischung verschiedenster potenzieller Einflussgrößen beispielsweise darin, dass Wein auch Rückschlüsse auf den Lebensstil zulässt: Dänische Forscher haben 3,5 Millionen Kassenbons ausgewertet. Dabei entdeckten sie, dass Wein eher mit Gemüse und Salat gekauft wird, Bier aber mit Chips und Würstchen. Umgekehrt ist Abstinenz häufig keine ganz freiwillige Entscheidung. So trinken Menschen keinen Alkohol, die andere gesundheitliche Probleme haben, etwa um Wechselwirkungen mit Medikamenten zu vermeiden oder weil sie früher Alkoholiker waren.

Wenn also eine Studie findet, dass „moderater" Alkoholkonsum das Leben verlängert, dann oft, weil bei den Nicht-Trinkern die Risikogruppen nicht entfernt wurden. So kommt eine Überblicksstudie zu dem Ergebnis: Je sorgfältiger die Nichttrinker kontrolliert wurden, desto schwächer war die „heilende Wirkung" des Alkohols.

Dazu kommt die alte Weisheit von Paracelsus: „Alle Dinge sind Gift, und nichts ist ohne Gift; allein die Dosis macht's, dass ein Ding kein Gift sei." Beim Alkohol stellt sich analog die Frage nach der statistisch optimalen Menge: Der beste Effekt findet sich bei in etwa sechs Gramm Alkohol pro Tag. Das entspricht 50 ml Wein, einer recht unrealistischen Tagesdosis. Die Weltgesundheitsorganisation WHO empfiehlt Frauen nicht mehr als 20 g reinen Alkohol täglich, das ist etwa ein halber Liter Bier. Bei Männern lautet die Empfehlung 30 g. Das liegt zum einen daran, dass Männer im Allgemeinen größer und schwerer sind; andererseits bauen sie den Alkohol schneller ab.

Rein statistisch gesehen trinkt jeder Deutsche ab 16 Jahre etwa 12,5 Liter reinen Alkohol jährlich – eine Zahl, die man zu knapp unter 10 Liter pro Deutschem beschönigen kann. Ohne Kinder und Jugendliche sind das etwa 27 g Alkohol pro Person und Tag, was zumindest für die Männer noch im Rahmen der WHO-Empfehlung liegt. Problematisch ist folglich nicht das „zu viel", sondern das „zu viel auf einmal". Das regelmäßige Gläschen am Tag dürfte nur eine Minderheit zu sich nehmen. Stattdessen trinken viele Personen nichts oder sehr wenig, zu viele andere sehr viel, und der Rest den größten Teil der Woche überhaupt nicht und am Wochenende in großen Mengen.

Das erinnert an den alten Witz vom Statistiker, der mit den Füßen im Eiswasser steht, den Kopf ins Backrohr hält und meint: „Im Durchschnitt ist die Temperatur genau richtig." Eine vergleichbare Auussage trifft hier in doppelter Hinsicht zu. Einerseits trinken verschiedene Leute verschieden viel. Andererseits trinken die meisten zu verschiedenen Zeiten verschieden viel. Beides erfasst der Durchschnitt nicht.

Auf die Spitze getrieben könnte man am 1. Januar die ganzen 12 Liter pur trinken, daran sterben und käme dennoch genau auf den Durchschnittsverbrauch. Gibt man sich also einmal die Woche die Kante, dann lebt man gefährlich – nicht zuletzt, weil mehr als ein Zehntel der Toten und der Schwerverletzten im Straßenverkehr durch alkoholisierte Beteiligte verursacht werden. Fast die Hälfte der Tatverdächtigen bei Totschlag und fast ein Drittel bei Gewaltdelikten stehen unter Alkoholeinfluss. Enthemmung und Steigerung der Redseligkeit gehören zu den ersten Auswirkungen des Trinkens, gefolgt von Selbstüberschätzung. Nicht zu vergessen sind die Langzeitschäden. So ist amtlichen Statistiken zufolge der Alkohol die drittwichtigste Ursache für Krankheit und vorzeitigen Tod.

Und was ist mit den Steuern? Trinken für den Straßenbau, sozusagen? Weit gefehlt. Die jährlichen Einnahmen aus Branntwein-, Schaumwein-, Bier und Alkopopsteuer liegen bei etwa 3,2 Mrd. €. Das klingt nach extrem viel Geld, aber die Deutsche Hauptstelle für Suchtfragen schätzt die Kosten alkoholbezogener Krankheiten (ohne Kriminalität) auf 20,6 Mrd. € jährlich. Die Kosten des Alkoholkonsums und seiner Folgen wären damit sechsmal so hoch wie die Einnahmen für den Staat. Dass also Trinken durch die Steuern dem Staat finanziell nützt, ist offensichtlich ein Trugschluss.

Zum Nachlesen:

Deutsche Hauptstelle für Suchtfragen: Jahrbuch Sucht 2014. Rockledge, Pabst Science Publishers, 2014.

Deutsche Hauptstelle für Suchtfragen: Alkohol – Zahlen und Fakten. www.aktionswoche-alkohol.de, 2015.

5.6 Wie häufig psychische Erkrankungen sind

„Fast 40 % der Europäer sind psychisch krank", titelte Spiegel Online im August 2011. Angeblich leiden 164 von 514 Mio. Europäern im Verlauf von 12 Monaten an einer solchen Erkrankung. Dies habe ein Wissenschaftlerteam um Hans Ulrich Wittchen an der Technischen Universität Dresden herausgefunden. Bereits 2005 hatten die Forscher eine ähnliche Studie durchgeführt.

Sie wollten schätzen, wie verbreitet 31 psychische und 62 neurologische Erkrankungen in der Europäischen Union sind. Zu den psychischen Erkrankungen zählen dabei vor allem Suchtkrankheiten, Depressionen, Angststörungen, Essstörungen und Psychosen. Allerdings ist ein direkter Vergleich der Werte aus verschiedenen Jahren nicht möglich, da in der aktuellen Studie mehr Länder und Krankheiten erfasst wurden; so kamen beispielsweise 14 Störungen neu dazu. Wer den Vergleich dennoch wagt, der erschrickt. Von den „alten" Erkrankungen waren sechs Jahre zuvor 27,4 Prozent der Bevölkerung betroffen, aktuell nur noch 27,1 Prozent; doch mit den hinzugekommenen Störungen erhöhte sich die Zahl der Erkrankten laut Studie jedoch auf bedenkliche 38,2 Prozent.

Dabei sind 164 von 514 Mio. Bürgern aber nur 32 Prozent, das kann jeder leicht ausrechnen. Wo ist der Fehler? Zuvor waren die Prozentwerte noch korrekt, denn 82 Mio.

Betroffene von knapp 302 Mio. EU-Bürgern entsprechen 27,4 Prozent. Damals bezog man sich aber nur auf die EU-Bevölkerung zwischen 18 und 65 Jahren. Diesmal wurden alle Bürger betrachtet und typische Störungen für zuvor fehlende Gruppen wie ADHS und Demenz neu in die Statistik aufgenommen. Und nur wenn man die Original-Studie liest, erkennt man, dass sich die Prävalenz (Häufigkeit) der Erkrankungen immer auf die jeweilige Risikogruppe bezieht, nicht auf die Gesamtbevölkerung.

Der Anteil der Betroffenen hängt eben oft stark vom Alter ab. Natürlich gibt es unter Senioren keine kindlichen Entwicklungsverzögerungen mehr und bei Jugendlichen keine altersbedingte Demenz. Die berichtete Cannabis-Abhängigkeit bezieht sich z. B. auf Personen ab 14 Jahre. Die Studie erforscht somit, wie verbreitet psychische Störungen in der gesamten EU-Bevölkerung sind, aber die Angabe von 38 Prozent bezieht sich nicht auf alle, sondern nur auf diejenigen, die jeweils erkranken können. Wenn man also auf die Straße geht und wahllos zehn Personen auswählt, dann sind im Mittel nur drei von ihnen psychisch erkrankt und nicht vier, wie Zeitungsberichte zum Thema suggerieren.

Dies ist ein exzellentes Beispiel dafür, dass die Kommunikation wissenschaftlicher Ergebnisse nicht trivial ist. Es sind eben nicht knapp 40 Prozent aller EU-Bürger erkrankt, sondern knapp 40 Prozent derjenigen, die theoretisch erkranken können, und somit knapp ein Drittel aller. Dass die neue Studie alle Altersgruppen einbezieht und nicht nur einen Ausschnitt, erweckt den Eindruck, als sei die Bezugsgröße gewachsen. Tatsächlich ist sie geschrumpft. Damit ist das Ausmaß des Problems nichts Neues, auch wenn die Schlagzeilen diesen Eindruck erwecken.

Problematisch ist hingegen, dass nur etwa ein Drittel der Betroffenen professionelle Hilfe findet. Die Forscher meinen, wenn man solche Erkrankungen rechtzeitig behandeln würde, ließen sich die Folgen für die Betroffenen und auch die volkswirtschaftlichen Kosten deutlich abmildern. Denn während die Erkrankungsraten selbst über die letzten Jahre nicht gestiegen sind, haben die Folgen zugenommen: für Krankheitsurlaube, vorzeitigen Ruhestand und Behandlungen.

So ist die dramatischste mögliche Folge von Depressionen der Suizid der Betroffenen, was bei Männern dreimal häufiger vorkommt als bei Frauen. Pro Jahr gibt es in Deutschland rund 10.000 Selbstmörder – das sind mehr Tote als durch Verkehrsunfälle, Drogenmissbrauch, Gewaltverbrechen und AIDS zusammen. Der Anteil an psychisch Erkrankten unter den Selbstmördern wird meist mit ungefähr 90 Prozent geschätzt. Stiege die Zahl der Depressionen an, wären tendenziell auch mehr Suizide zu erwarten. Letztere haben jedoch in den letzten 20 Jahren deutlich abgenommen. Das stützt die These, dass Depressionen und ähnliche psychische Erkrankungen nicht öfter vorkommen, sondern früher erkannt und öfter behandelt werden.

Hier zeigt sich schon wieder die Schwierigkeit der Berichterstattung: In einer Pressemitteilung vom Januar 2015 stellte die Techniker-Krankenkasse in einer Studie fest, dass von 2000 bis 2013 die Fehlzeiten aufgrund von Depressionen um fast 70 Prozent gestiegen seien. Die Krankenkassen ermitteln aber die Zahl der Krankschreibungen aufgrund psychischer Erkrankungen, nicht die Zahl der tatsächlichen Erkrankungen. Wenn psychische Krankheiten häufiger und rascher diagnostiziert werden, kommt es eben zu mehr

Krankschreibungen. Früher hatte man es mit dem Rücken oder mit dem Kopf. Heute ist klar, dass oft die Psyche dahinter steckt.

Ein klassisches Manko von Statistiken über psychische Störungen ist die Schwierigkeit, diese präzise zu erfassen. Dies führt zu subjektiven Resultaten und unzuverlässigen Daten. Traditionell werden Fragebögen oder Symptomkataloge verwendet. Hier hängt es vom Arzt ab, ob er die Erkrankung erkennt. „Modeerkrankungen", über die gegenwärtig viel berichtet wird, werden auch eher diagnostiziert – sofern ein Betroffener überhaupt zum Arzt geht. Männer tun dies seltener als Frauen, und es wird durch die Stigmatisierung von psychischen Erkrankungen weiter behindert, etwa durch die Diskussion über bestimmte Berufsverbote für depressive Menschen nach dem Absturz der Germanwings-Maschine im März 2015.

Aber es gibt zunehmend Versuche, objektivere Verfahren zu entwickeln. An der Universitätsklinik Freiburg fand man heraus, dass depressive Menschen Schwarz-Weiß-Kontraste schlechter wahrnehmen als Gesunde. Ihre Netzhaut reagiert schwächer auf bewegte Schachbrettmuster. Dies erlaubt nicht nur die Diagnose von Depressionen, sondern auch diejenige ihrer Schwere. Ebenso lässt sich Schizophrenie früh durch den Gehalt von Glukose und Energiestoffwechselprodukten im Liquor (Gehirn-Rückenmarks-Flüssigkeit oder „Nervenwasser") aufspüren. Präzisere Erkennungsmethoden machen aber auch die Diagnose von schwächeren und asymptomatischen Fällen wahrscheinlicher, so dass beim Vergleich verschiedener Studien überprüft werden muss, ob alte und neue Diagnoseverfahren überhaupt das gleiche ermitteln. Es ist wohl noch ein langer Weg, bis man zuverlässig sagen kann, wie viele Menschen psychisch erkrankt sind.

Zum Nachlesen:

Bubl, E. et al.: Seeing gray when feeling blue? Depression can be measured in the eye of the diseased. Biological Psychiatry 68, S. 205–208, 2010.

N. N.: Studie: Fast 40 Prozent der Europäer sind psychisch krank. Spiegel Online, 05.09.2011.

Statistisches Bundeaamt: Statistik der Todesursachen: Deutschland, Jahre, Todesursachen, Tabelle 23211-0001, www.genesis.destatis.de, o. J.

Stiftung Deutsche Depressionshilfe: Depression und Suizidalität. www.deutsche-depressionshilfe.de, o. J.

Techniker-Krankenkasse: TK-Depressionsatlas. Arbeitsunfähigkeit und Arzneiverordnungen. Hamburg, Januar 2015.

Wittchen, H. U. et al.: The size and burden of mental disorders of the brain in Europe 2010. European Neuropsychopharmacology 21, S. 655–679, 2011.

5.7 Warum Dummheit nicht krank macht

Ein niedriger IQ sei ein „Risikofaktor", wie es der Focus behauptete, oder gar „Hauptgrund" für Herz-Kreislauf-Erkrankungen, wie in den Yahoo-News zu lesen war. Gleich vorneweg: Wer so etwas schreibt, beweist, wenn nicht seine eigene Dummheit, dann doch zumindest einen eklatanten Mangel an statistischer Bildung.

Ein niedriger IQ erhöht nicht das Risiko für, sondern geht tendenziell einher mit einer höheren Sterblichkeitsrate, bezogen auf Herz-Kreislauferkrankungen. So publizierten es Wissenschaftler der Universität Glasgow im Jahr 2009: Menschen mit niedrigem IQ sterben häufiger an Herz-Kreislauferkrankungen, aber das heißt nicht, dass sie öfter daran erkranken. Was Kausalursache und was Wirkung ist, müsste man separat prüfen.

Eine Kausalbeziehung kann man sich in alle möglichen Richtungen denken. Womöglich erhöht ein niedriger IQ das Erkrankungsrisiko, falls weniger intelligente Menschen zu ungesünderem Essverhalten neigen, ein geringeres Einkommen erzielen, häufiger rauchen, sich weniger bewegen oder seltener zu Vorsorgeuntersuchungen gehen. Vielleicht senken aber auch Vorerkrankungen, die zum Herzinfarkt führen können, zugleich die geistige Leistungsfähigkeit, was als niedriger IQ messbar wird. Oder es wird beides durch einen dritten Faktor verursacht, etwa durch schlechte Ernährung, niedrigen Bildungsstand oder andere soziodemographische Faktoren.

Um zu Vermutungen über derartige Kausalbeziehungen zu kommen, haben die Wissenschaftler fast 1.150 Personen untersucht. Ihre Datenbasis war die Studie „West of Scotland Twenty-07", an der 4.510 Personen aus drei Alterskohorten, geboren 1932, 1952 bzw. 1972, über einen Zeitraum von 20 Jahren teilgenommen haben. Ziel dieser Langzeitstudie war es, Gründe für Unterschiede im Gesundheitszustand herauszufinden. Die IQ-Studie konzentriert sich auf die älteste der drei Teilnehmergruppen, die zum Zeitpunkt der Auswertung 75 Jahre alt war.

Die Studie hat zwei ungewöhnliche Stärken: Sie ist groß und die Teilnehmer wurden sehr lange und sehr umfassend beobachtet. Andererseits hat sie mindestens zwei Schwächen. Eine benennen die Autoren selbst. Bekannte Risikofaktoren, etwa Cholesterinwerte der Teilnehmer und Begleiterkrankungen wie Diabetes, fehlen in den Daten. Die andere Schwäche ist das Problem, wie eigentlich die Intelligenz gemessen wurde.

Der verwendete Kurztest korreliert nur mittelmäßig mit etablierten, umfangreichen IQ-Tests. So ist durchaus fraglich, ob der Test eigentlich Intelligenz misst oder vielleicht etwas anderes. Der Hauptautor der IQ-Studie bemerkt in einem Vorgängerartikel von 2006, dass der Test womöglich eher die Geschwindigkeit misst, mit der ein Mensch Informationen aufnimmt und verarbeitet. Beides ist eben nicht dasselbe. Ähnliches stellten zwei seiner Koautoren fest. Sie vermuteten, dass nicht der IQ an sich die höhere Sterblichkeitsrate erkläre, sondern die Fähigkeit, schnell auf Informationen zu reagieren.

Kombiniert man das alles, dann wird auch sofort klar, wo die Schwierigkeiten liegen. Erstens geht es nicht um Fälle von Herz-Kreislauf-Erkrankungen, sondern nur um Todesfälle in Folge von Herz-Kreislauf-Erkrankungen. Wer krank ist und noch lebt, über den wissen die Forscher nichts. So steht eben nicht fest, ob Menschen mit einem höheren IQ (im Sinne der Studie) seltener erkranken oder ob sie, wenn sie erkranken, bloß besser überleben. Zweitens kann es gut sein, dass intelligentere oder gebildetere oder einfach nur reaktionsschnellere Personen die Anzeichen eines Herzinfarkts eher erkennen und Hilfe rufen. Vielleicht sind gebildetere Personen auch von gebildeteren Personen umgeben, die dann den Infarkt erkennen und einen Arzt alarmieren. Oder es ist überhaupt umgekehrt: Vielleicht schützt es vor geistigem Verfall, wenn man mit anderen zusammenlebt. Gleichzeitig wäre dann jemand da, der im Notfall Hilfe holen kann.

All das weiß man nicht. Was man kennt, sind der IQ, der soziale Status, das Einkommen und das Rauchverhalten der Teilnehmer. Außerdem ist bekannt, wie lange jemand die Schule oder Universität besucht hatte und wie viel Sport er trieb. Nach diesen Kriterien wurden die Teilnehmer zuerst in Kategorien eingeteilt.

Für jede Kategorie wurden Sterblichkeitsraten, so genannte Hazard Rates, und dann der so genannte „Relative Index of Inequality" berechnet. Dieser Index setzt das Risiko der am stärksten benachteiligten Gruppe ins Verhältnis zur privilegiertesten. Das ist in Ordnung, solange das Risiko über die Gruppen hinweg einigermaßen gleichmäßig abnimmt. An den Ergebnissen sieht man es nicht, aber es wäre wichtig, denn Ausreißer in den Randgruppen können die Aussagekraft des Index stark einschränken. Angenommen, in der Gruppe mit dem geringsten IQ seien sehr viele Menschen verstorben und in den anderen Gruppen ziemlich wenige, aber in allen diesen etwa gleich viele. Dann würde der Index eine große Risikoerhöhung feststellen. Wenn die Randgruppe aber neben einem besonders niedrigen IQ auch noch andere spezielle Merkmale aufweist, dann könnten auch diese für das höhere Risiko verantwortlich sein.

Eine solche Randgruppe in West Scotland wäre die Minderheit der südasiatischen Migranten, die hinsichtlich ihres Sozialstatus und ihres Einkommens benachteiligt sind. Das weiß man aus anderen Quellen. Insbesondere die Frauen weisen dort tendenziell eine schlechtere Gesundheit auf. Und wenn man an kulturelle Unterschiede und die Altersstruktur der Probanden denkt, könnte man gut annehmen, dass sie auch eine geringere Schulbildung haben. Nun wurde der Migrationshintergrund in der Studie nicht berücksichtigt, aber der verwendete IQ-Test setzt bestimmte sprachliche Fähigkeiten voraus. Deswegen könnten Nicht-Muttersprachler im verbalen Teil Schwierigkeiten gehabt und allein deswegen schlechtere Werte erzielt haben.

Damit aber nicht genug. Eine weitere Studie mit denselben Daten untersuchte die Stressbelastung der asiatischen Minderheit in Glasgow. Starke Stresssymptome zeigten sich vor allem bei Muslimen, bei Frauen und bei Personen mit schlechten Englischkenntnissen. Stress ist ein bekannter Risikofaktor für Herz-Kreislauf-Erkrankungen, und Stress könnte auch dazu geführt haben, dass die Probanden im IQ-Test schlechter abschnitten. Eine dritte, noch ältere Untersuchung der schottischen Daten stützt diese Vermutung. Inder, Pakistani und Bangladeshi waren deutlich stärker infarktgefährdet als Iren und Schotten ohne Migrationshintergrund. Woher der Stress kam, war nicht klar. Vielleicht war er verursacht durch mangelnde Verständigungsfähigkeiten, durch alltäglichen Rassismus oder auch durch etwas anderes. Einfach ist es jedenfalls nicht mit den Kausalschlüssen.

Unabhängig von den Definitions- und Messproblemen lohnt sich auch ein Blick auf die Statistik selbst. Im einfachsten Modell unterscheiden die Forscher einfach nur zwischen Männern und Frauen. Dann zeigt der IQ den zweitstärksten Zusammenhang mit dem Risiko für eine Herz-Kreislauf-Erkrankung. Werden zusätzlich weitere Einflussgrößen, etwa die Bildung, aufgenommen, geht dieser Zusammenhang deutlich zurück. Plötzlich spielt der Blutdruck eine wesentlich größere Rolle. Ein Teil dessen, was der IQ scheinbar erklärt, steckt offenbar auch in der Bildung.

Das überrascht zwar nicht besonders, aber für die statistische Schätzung ist das ein Problem. Denn wieder einmal weiß man nicht genau, wie Bildung und IQ sich gegenseitig beeinflussen oder ihrerseits durch etwas anderes beeinflusst werden. Das Modell rechnet jedenfalls mit Faktoren, die zumindest in Teilen das Gleiche messen. Statistiker nennen das „Multikollinearitätsproblem". Die Schätzungen sind dadurch womöglich unsicher und instabil, denn Änderungen im Einfluss der einen Größe könnten durch Einflüsse anderer Größen kompensiert oder verstärkt werden. Das ist so ähnlich wie bei einer Gleichung mit zwei Unbekannten, und es existiert viel Spielraum für die Schätzung.

Damit ein Einfluss signifikant wird, muss er nicht nur groß genug sein, sondern er muss sich auch ziemlich sicher von null unterscheiden. Letzteres hängt davon ab, wie präzise man ihn schätzen kann, und das drückt man über den Standardfehler aus. Wenn ein IQ-Punkt mehr oder weniger das Todesfallrisiko durchschnittlich um fünf Prozent erhöht bzw. senkt, kommt es entscheidend darauf an, ob sich das mit einem Standardfehler von +/– einem Prozentpunkt oder +/– zehn Prozentpunkten sagen lässt. Im zweiten Fall kann der Einfluss eben genauso gut negativ sein.

Statistiker betrachten hierfür die Konfidenzintervalle, also den Bereich, in dem der vermutete wahre Effekt mit hoher Wahrscheinlichkeit liegt. Ein Blick darauf zeigt, dass der IQ in der Rangfolge auch viel weiter hinten liegen könnte, denn das Konfidenzintervall ist ziemlich breit.

Bildung schadet nie, und für einen besseren IQ lässt sich auch trainieren. Jedoch besitzen der soziale Status und das Einkommen ähnlich hohe statistische Effekte auf das Risiko, an einer Herz-Kreislauf-Erkrankung zu sterben. Und es ist gar nicht klar, ob der IQ einen kausalen Einfluss hat. So erwägen die Wissenschaftler selbst, dass schlechte Ernährung, Vorerkrankungen oder auch Bewegungsmangel im Laufe der Jahre und Jahrzehnte nicht nur die Gesundheit, sondern auch den IQ beeinflussen. Womöglich macht eben nicht Dummheit krank, sondern bloß dummes Verhalten.

Zum Nachlesen:

Batty, G. D. et al.: Does IQ explain socioeconomic inequalities in health? Evidence from a population based cohort study in the west of Scotland. British Medical Journal, S. 332–580, 2006.

Batty, G. D. et al.: Does IQ explain socio-economic differentials in total and cardiovascular disease mortality? Comparison with the explanatory power of traditional cardiovascular disease risk factors in the Vietnam Experience Study. European Heart Journal, S. 1903–1909, 2009.

Deary, I. und Der, G.: Reaction time explains IQ's association with death. Psychological Science 16(1), S. 64–69, 2005.

N. N.: Rauchen und niedriger IQ Hauptgründe für Herz-Kreislauf-Erkrankungen. Yahoo-News, 12.02.2010.

N. N.: Herz-Kreislauf-Erkrankungen: Risikofaktor niedriger IQ. Focus Online, 11.02.2010.

Singh-Manoux, A. et al.: The Role of Cognitive Ability (Intelligence) in Explaining the Association between Socioeconomic Position and Health: Evidence from the Whitehall II Prospective Cohort Study. American Journal of Epidemiology 161(9), S. 831–839, 2005.

Williams, R. et al.: Coronary risk in a British Punjabi population: comparative profile of non-biochemical factors. International Journal of Epidemiology 23(1), S. 28–37, 1994.

6

Gesellschaft und Leben

6.1 Wie der Fußball statistisch wurde

Datenbanken mit historischen Sportstatistiken reichen zurück bis etwa ins Jahr 1870. Damit ist die Sportstatistik fast so alt wie professionell organisierte Sportereignisse selbst, fast so alt wie die moderne Statistik und älter als die Fußball-Weltmeisterschaft. Bis zum Jahr 1834 war Statistik vor allem die Lehre davon, wie man Daten für die Staatsführung sammelt und auswertet. Erst danach erkannte man allmählich, dass Statistik auch in anderen Disziplinen ein Weg sein könnte, wie man Daten zur Entscheidungsfindung nutzt. Und prompt kam die Statistik zum Sport.

Der Fußballsport schreit sozusagen nach angewandter Statistik, weil man dabei Tore zählt. Wer misst und vergleicht, betreibt im Alltag Statistik, auch wenn er es nicht immer so nennt. Im Profi-Sport geht es ums Messen, und dafür benötigt man Messgeräte, zum Beispiel Uhren, die genau genug gehen. Im Jahr 1821 wurde die Stoppuhr erfunden. Dass Statistik und Sportstatistik sich so parallel entwickelt haben, hat auch damit zu tun, dass es plötzlich genauere Daten gab und daraus der Wunsch entstand, sie auszuwerten.

Die heutigen Sportstatistiken und Tabellen sehen allerdings mehr nach Wirtschaftsdaten aus. Tore, Körbe, Punkte, Weiten, Zeiten; der Sportteil in der BILD enthält heute so viele Zahlen und Statistiken, dass er fast dem Börsenteil des Handelsblatts gleicht. Beide nutzen Statistiken aus ähnlichen Gründen. Es geht darum, wer der Beste ist, wer aufsteigt, wer zurückfällt. Daraus entsteht eine große Faszination, weil die Statistik Gewinner und Verlierer kenntlich macht.

Ein 1:0 im Fußball kann das Ergebnis eines dominanten Spiels sein oder ein purer Zufallstreffer. Darum sind die Ergebnisse und Tabellen auch nur der erste Schritt, sie werden flankiert von zahlreichen weiteren Statistiken: Torschüssen, Ecken, Ballbesitz und nicht zuletzt all den Spielerstatistiken, die das Gefühl vermitteln, man wisse eigentlich schon vorher ganz genau, wer am Ende als Sieger dastehen wird. Im Zusammenhang mit Big Data verstärkt sich diese Hoffnung. Der Softwarekonzern SAP arbeitet derzeit an Algorithmen, die Spielern und Trainern vorhersagen sollen, wie sich der Gegner verhalten wird: „Zufälle soll es beim Fußball nicht mehr geben." Sobald jemand eine neue technische Möglichkeit entwickelt, Spieldaten zu messen und zu analysieren, entsteht damit auch ein Interesse, dass die zugehörige Statistik vermarktet wird. Schließlich kann man viel daran verdienen, wenn alle Spieler, Bälle und Stadien mit Ortungssystemen ausgerüstet werden. Dass das, wenn überhaupt, nur funktionieren kann, so lange nicht alle Beteiligten dasselbe System benutzen, wird dabei gerne verschwiegen. Trotzdem wird den Sportstatistiken gerne geglaubt, obwohl es doch sonst oft heißt, Statistiken seien die größten aller anzunehmenden Lügen.

Die Aussage, dass Deutschland in einem WM-Spiel gegen Frankreich 51 Prozent Ballbesitz hatte, ist nicht *die* Wahrheit, sondern nur eine Art von Wahrheit. Denn es kommt auf die Messmethode an. 51 Prozent ergab die Statistik von Opta Sports, die die Zahl der Pässe zählt. Die offizielle FIFA Angabe von Deltatre ließ eine Stoppuhr mitlaufen und kam auf 50 Prozent. Wie immer benutzt jeder am liebsten die Statistiken, die er selbst erstellt hat.

Aber manchmal können solche Informationen in ihrer Kombination mehr über den Spielverlauf aussagen. Wenn der Ballbesitz sehr einseitig ist, die Zahl der Torchancen aber nicht, dann hat vielleicht ein Team wie Spanien viele Kurzpässe gespielt und den Gegner rennen lassen, aber effektiv genützt hat es nichts, weil der Gegner gut gekontert hat. Ist beides ausgewogen, dann war es ein ausgewogenes und knappes Spiel. Wer das Spiel ansieht, erkennt das zwar auch. Doch laufen so viele Fußballspiele pro Jahr, dass kaum jemand jedes einzelne davon konzentriert verfolgen kann. Die Statistik kann hingegen komplexe Sachverhalte mit wenigen Zahlen charakterisieren.

Hier zeigt sich wieder eine Parallele zur Wirtschaftsstatistik. Ob es der Wirtschaft gut oder schlecht geht, ist eine extrem komplexe Frage. Aber das Wirtschaftswachstum, die Arbeitslosigkeit und der Geschäftsklimaindex können in ein paar Zahlen zumindest ein grobes Bild der Lage zeichnen. Beim Sport funktioniert es ganz ähnlich.

Dumm ist es allerdings, wenn man eine Statistik falsch interpretiert. Der bisherige Ballbesitz oder die Zahl der bisherigen Torchancen haben im Spiel selbst noch eine gewisse Vorhersagekraft. Aber nach dem Spiel sagen sie wenig darüber aus, ob eine Mannschaft besser war als die andere. Man weiß eben anhand der nackten Zahl nichts darüber, wie gut jede einzelne Torchance war. Was die gewonnenen Zweikämpfe angeht, schneidet die Mannschaft in der Defensive oft deutlich besser ab. Es ist wie im richtigen Leben auch: Sportstatistiken muss man richtig lesen können.

Richtig eingesetzt, erlauben es statistische Werte wie Ballbesitz, Torchancen und noch viel mehr Zahlen beispielsweise Jogi Löw, eine optimale Strategie gegen Brasilien zu finden. Vereine entdecken mithilfe von Statistik die Superstars von morgen. In beiden Fällen ist es aber nicht möglich zu vergleichen, wie es unter anderen Umständen hätte ablaufen können. Schließlich lassen sich nicht probeweise die Statistiken anders interpretieren und dann das Spiel wiederholen. So weiß auch niemand, wie viele begnadete Fußballer unentdeckt bleiben, weil die falschen Statistiken benutzt wurden. Eine bislang unveröffentlichte Studie für den Bayerischen Tennisverband legt zumindest nahe, dass die derzeitige Leistungsdiagnostik nicht unbedingt die beste Prognose für den späteren Erfolg des Tennisnachwuchses ermöglicht.

Bekannt ist das statistische Phänomen, dass Spitzenfußballer fast doppelt so häufig in der ersten Jahreshälfte geboren sind wie in der zweiten. 2013 hatten die Spieler in den Spitzenligen Europas 132-mal Geburtstag im Dezember, aber nur 232-mal im Januar. Es gibt ernst gemeinte Versuche, diese Beobachtung mit der Ernährung der Mutter in der Schwangerschaft, mit dem Sonnenlicht in den ersten Lebensmonaten oder sogar mit Astrologie zu erklären.

Die Wahrheit ist wesentlich prosaischer: In der Regel werden die Kinder eines Jahrgangs gemeinsam in Mannschaften gesteckt. Dort sind diejenigen mit einem Geburtstag im

Januar fast ein Jahr älter als diejenigen mit einem Geburtstag im Dezember. Ein Lebensjahr bedeutet bei Kindern einen enormen Vorsprung. Die älteren sind größer, schneller, koordinierter. Damit stechen sie heraus, werden mehr gefördert, kommen in bessere Teams und sind schließlich als Erwachsene am Ende wirklich die besseren Fußballer. Statistik kann helfen, solche Muster zu erkennen und auch gegenzusteuern, aber verstehen muss man sie schon selbst.

Prognosen darüber, was die Statistik zukünftig leisten kann, sind ein gewagtes Unterfangen. Bewegungsprofile und Netzwerkdiagramme zeigen zumindest heute schon, wer wirklich ackert, wer wie Mertesacker einfach immer an der richtigen Stelle steht und wer vom Rest der Mannschaft allein gelassen wurde. Als erster erkannte solche Möglichkeiten der US-amerikanische Baseball-Profi Billy Beane. Er wertete systematisch Spielerstatistiken per Computer aus und baute damit sein Team auf. So führte er ab dem Jahr 2000 die Oakland Athletics von einem zweitklassigen Verein direkt in die Play-Offs. Gerade im Baseball ist der Prozess, Faustregeln und traditionelles Wissen durch harte Fakten zu ersetzen, weit fortgeschritten, aber auch der Fußball entwickelt sich in eine solche Richtung.

So zeichnet es sich zumindest ab, dass es künftig noch mehr Zeitungsartikel mit noch mehr Zahlen geben wird. In den USA werden die typischen Ergebnisartikel für Drittliga-Teams mittlerweile von Computern geschrieben. Selbst Associated Press kündigte im Sommer 2014 an, Derartiges in Erwägung zu ziehen und damit einer Praxis zu folgen, die sie im Wirtschaftsteil bereits mit Artikeln zu Quartalsberichten von Unternehmen begonnen hat.

Diese Zahlenwüsten sind dabei wohl auch Ursache un-
zähliger Pseudo-Rekorde. „Der höchste Sieg eines Drittliga-Teams auswärts bei einem Dienstagsspiel, in dem keine
nicht-verwandelten Elfmeter gepfiffen wurden…" Spitzen-
sport ist immer die Suche nach Höchstleistungen und Re-
korden. Mit genügend Statistiken findet man immer eine
Zahl, die außergewöhnlich ist. Aber wer im Nachhinein die
passende Zahl und Vergleichsbasis sucht, der gewinnt keine
Erkenntnis, sondern betreibt Missbrauch von Statistik.

Zum Nachlesen:

Kammertöns, H.-B.: Der gläserne Spieler. Die ZEIT 14,
01.04.2015.

Ponocny, I. und Ponocny-Seliger, E.: Akte Astrologie Österreich. Vom Schicksal, den Sternen und der Bevölkerungs-
statistik. Skeptiker 4, 2009.

Sachs, G.: Die Akte Astrologie. Wissenschaftlicher Nach-
weis eines Zusammenhangs zwischen dem Sternzeichen
und dem menschlichen Verhalten. München, Goldmann,
1997.

6.2 Was Namen und Daten aussagen

Sein Name lässt es nicht vermuten, aber der Tenor Peter
Schreier beherrscht auch sanfte Töne. Dass Herr Rind-
fleisch Metzger wird und Frau Storch Hebamme, ist das
vorherbestimmt? Und ist Rechtsanwalt Streit erfolgreicher
in seinem Beruf als Diplompsychologin Spinner? Helfen

Allerweltsnamen bei der Karriere und behindern kompli-
zierte oder ausländisch klingende Namen den beruflichen
Aufstieg? Laut einer Studie trauen Lehrer Kindern mit den
Namen Kevin oder Jaqueline weniger zu als Maximilian
und Charlotte.

Im Januar 2007 berichtete die Bild-Zeitung von einer
„Studie" der Kölner Namensagentur Endmark. Demnach
kamen Politiker mit einfachen Namen besser an. Doppel-
namen senkten die Karrierechancen erheblich; das gelte
nicht nur in der Politik, sondern auch in der Wirtschaft.
Basis war lediglich eine Auszählung willkürlich ausgewähl-
ter Beispiele. Die Psychologin Gisla Gniech trug aber vor
fast 25 Jahren für die Zeitschrift Der Sprachdienst einige
Untersuchungen zusammen. Sie meinte beobachten zu
können, dass unter erfolgreichen Menschen häufig solche
seien, deren Nachname mit einem Buchstaben in der ersten
Hälfte des Alphabets liege. Weil solche Namen auf Klassen-
listen vorne stehen, würden ihre Träger öfter aufgerufen.
Wer vorne im Branchenbuch zu finden sei, bekomme mehr
Aufträge, weil im Notfall die Nummer des ersten Klemp-
ners gewählt werde; der Fachbegriff dazu lautet „Primacy-
Effekt".

Zwar liegt in fast allen Untersuchungen, die Gisla Gniech
vorstellte, der Median der Namen vor der Mitte des Alphabets, aber das gilt auch für das Telefonbuch. Denn hinten
im Alphabet stehen eben die seltenen Buchstaben wie Q, X
oder Y. In größeren Datensätzen finden sich keine besonderen Auffälligkeiten, weder unter gut 5.000 Befragten einer
speziellen Berufsgruppe noch unter den rund 4.500 Personen, die im „Internationalen Horoskope Lexikon" verzeichnet sind und für das „Astrologische Vermächtnis" von

Gunter Sachs im Jahr 2011 in einer Datenbank erfasst wurden. In der Stichprobe der Führungskräfte liegt der Median bei L. In den Horoskopdaten sind die Namen nach vorne verschoben, aber nur bei bestimmten Personengruppen, nämlich bei Königen, Schriftstellern, Lyrikern oder Dramatikern. Königsnamen sind aber wegen der Thronfolge nicht zufällig, und Schriftsteller können Künstlernamen wählen.

Man darf nicht vorschnell schließen, dass Menschen mit Allerweltsnamen oder Namen vorne im Alphabet erfolgreicher sind, nur weil viele erfolgreiche Menschen Namen besitzen, die diese Kriterien erfüllen. Entscheidend ist, wie es in Kontrollgruppen aussieht, also in der Gesamtbevölkerung oder bei weniger erfolgreichen Menschen. In den meisten Studien fehlen diese Vergleiche.

Selbst bei einer ungewöhnlichen Häufung wäre noch nicht klar, ob der Name wirklich Ursache des Erfolgs ist, denn Korrelation heißt nicht Kausalität. Die Führungskräftedaten zeigen zunächst geringfügige Zusammenhänge zwischen dem Namen und dem Erfolg der Befragten. Einer statistischen Überprüfung halten sie jedoch nicht stand. Der Namens-Median liegt bei L, denn 53,3 Prozent der Befragten haben einen Nachnamen, der mit diesem Buchstaben oder mit einem beginnt, der weiter vorne im Alphabet liegt. Bereichs- oder Gesamtleiter befinden sich aber nicht signifikant häufiger in der Gruppe A–L, und untersucht man nur Führungskräfte mit mindestens zehn Mitarbeitern, dann haben diese sogar etwas seltener als der Durchschnitt Namen im vorderen Teil des Alphabets. Ebenso wenig hängt der Name signifikant mit der Schulbildung zusammen.

Tab. 6.1 Jahreseinkommen von Führungskräften nach Anfangsbuchstaben, Abweichungen von 100 % sind Rundungsdifferenzen

Führungskräfte

Position	Jahreseinkommen (in Tsd. €) und dessen Verteilung					
	A bis K		L		M bis Z	
Gesamtleiter	88,1	50,2 %	82,1	4,9 %	87,8	44,9 %
Bereichsleiter	74,5	46,4 %	64,5	4,8 %	70,8	48,8 %
Sonstige	60,3	47,8 %	58,5	4,5 %	59,5	47,8 %
Summe	77,3	48,5 %	71,7	4,8 %	75,2	46,7 %

Tabelle 6.1 schlüsselt die Jahreseinkommen der Führungskräfte anhand der Anfangsbuchstaben ihres Nachnamens auf. Die Gruppe A bis L (53,3 Prozent) verdiente zwar durchschnittlich 1.606 € mehr als die Gruppe M bis Z (46,7 Prozent), aber dieser Unterschied ist statistisch aufgrund der hohen Schwankungsbreite der Einkommen innerhalb der jeweiligen Namensgruppen nicht signifikant. Das ändert sich mit einer anderen Gruppeneinteilung, nämlich beim Vergleich von A bis K (48,7 Prozent) mit L bis Z (51,5 Prozent). Führungskräfte in der ersten dieser zwei Gruppen verdienten im Mittel 2.431 € mehr als jene in der zweiten, und dieser Unterschied ist nun zum 10-Prozent-Niveau signifikant. Das bedeutet, wenn sich die Gruppen tatsächlich nicht hinsichtlich ihres Durchschnittsgehalts unterscheiden, kommt ein derart großer Unterschied in einer Stichprobe mit einer Wahrscheinlichkeit von höchstens 10 Prozent durch Zufall zustande.

Dieses auf den ersten Blick erstaunliche Ergebnis hat einen einfachen Grund: Führungskräfte mit dem Anfangsbuchstaben L hatten das niedrigste Durchschnittsgehalt angegeben.

Das spricht nicht nur gegen die Hypothese, dass das Gehalt umso niedriger ist, je weiter hinten der eigene Name im Alphabet auftaucht; insbesondere zeigt es, dass man immer eine Auffälligkeit findet, wenn man lange genug sucht. Es gibt keine natürliche Aufteilung, weil kein Buchstabe genau die Hälfte der Gruppe abgrenzt. Wenn aber die Einteilung willkürlich ist und man das Signifikanzniveau großzügig genug wählt, lässt sich fast jede beliebige Aussage beweisen. Dann muss man die Ergebnisse nur noch geschickt darstellen und gewinnt eine spektakuläre Schlagzeile.

Unterschiede im beruflichen Erfolg mögen zwar signifikant mit dem Anfangsbuchstaben des Namens zusammenhängen, dahinter können aber unterschiedliche Namensverteilungen aufgrund der Herkunft von Menschen stecken. Dies wäre dann die eigentliche Ursache. Ähnliche scheinbaren Kausalitäten lassen sich mit Vornamen konstruieren. Denn die Häufigkeiten bestimmter Vornamen korrelieren mit dem Geburtsjahr eines Menschen, und je älter jemand ist, umso länger ist er durchschnittlich schon berufstätig und umso höher ist wahrscheinlich sein Gehalt.

Nicht nur die Antwort auf die Frage, wie man heißt, hängt stark vom Alter ab. Dasselbe gilt auch für die Frage, wann man Geburtstag hat. Bis in die 1970er Jahre waren Februar bis April die häufigsten Geburtsmonate. Seit den Achtzigern hat sich die Geburtshäufigkeit immer stärker in Richtung Sommer verschoben. Inzwischen liegt die „heiße Phase" für Geburten wie beim Wetter in den Monaten Juli bis September. In diesen Monaten werden täglich etwa zehn Prozent mehr Babys geboren als im März oder April.

Zunächst drängt sich durchaus der Gedanke auf, dass der Geburtszeitpunkt eines Menschen im Wesentlichen eine Zufallsfrage sein könnte – Kinderkriegen sozusagen als Lottospiel. Aber da sich sehr viele Geburten auf nur 365 Tage im Jahr verteilen, lassen sich wegen des „Gesetzes der großen Zahlen" selbst schwache Abweichungen von einer gleichmäßigen Verteilung über das Jahr leicht nachweisen – mit dem Ergebnis, dass jahreszeitliche Verschiebungen aller Wahrscheinlichkeit nach nicht zufällig sind.

Eine Auswertung von rund 1,4 Mio. Geburtsdaten in den USA belegt, dass der Geburtsmonat von Kindern offenbar vom sozioökonomischen Status ihrer Mutter abhängt. Statistisch nicht nachweisbar sind allerdings die häufig behaupteten Geburtenanstiege nach Stromausfällen und Weltmeisterschaften. Die New York Times hat nach einem Stromausfall im Jahr 1965 als erste über solche Zusammenhänge spekuliert, aber der erwartete Baby-Boom danach ist ausgeblieben. Genauso wenig schnellen die Geburtenzahlen neun Monate nach Karneval in die Höhe, selbst wenn man nur auf die Hochburgen Mainz, Düsseldorf und Köln schaut. Nicht einmal Fußball-Weltmeisterschaften fördern den Nachwuchs, obwohl die Zeitungen danach regelmäßig entsprechende Frühjahrsmärchen zu den Sommermärchen erzählen.

Der Geburtstag bestimmt zweifelsfrei das Sternzeichen eines Menschen. Ob das Sternzeichen Einfluss auf sein Leben hat, lässt sich größtenteils anhand einer selbsterfüllenden Prophezeiung erklären. Wer sein Sternzeichen kennt und daran glaubt, sucht sich den (scheinbar) passenden Partner und lebt die ihm selbst zugeschriebenen Eigenschaften stärker aus. Zwar finden durchaus seriöse statistische Untersuchungen gelegentlich schwer zu erklärende Zusammenhänge zwischen astrologischen Merkmalen und Lebensereignissen, aber die Effekte sind vergleichsweise schwach.

Der Geburtstag bestimmt auch, ob jemand zu den ältesten oder jüngsten in seiner Klasse oder auch im Sportverein zählt. Im Beispiel „Wie der Fußball statistisch wurde" ist beschrieben, welche Konsequenzen das hat. Es existiert aber nachweislich ein saisonaler Effekt auf die Lebenserwartung. Eine groß angelegte Untersuchung der Universität Greifswald zeigt, dass Mai-Kinder früher starben als November-Babys. Der Unterschied in der Lebensdauer betrug bei Frauen sechs Monate, bei Männern sogar acht. Bei einer Beschränkung auf Todesfälle durch Herz- und Kreislauferkrankungen lebten im November geborene Männer im Mittel ein ganzes Jahr länger als Mai-geborene.

Über die Ursachen kann man nur spekulieren. Mögliche Erklärungen sind jahreszeitliche Schwankungen der Sonneneinstrahlung, der Luftverschmutzung oder von Krankheiten. Andererseits verlaufen nicht nur Geburten saisonal, sondern auch Todesfälle. Im Winter sterben wesentlich mehr Menschen als im Sommer. Womöglich besitzen Menschen, die im Spätherbst geboren sind, nur eine höhere Chance, sich über einen Sommer mehr zu „retten", und sterben dann im selben Winter wie die Neugeborenen des Frühlings ein halbes Jahr später.

Die Studie sagt tatsächlich nur etwas aus über das durchschnittliche Todesalter von „Deutschen mit gleichem Geburtsmonat, die zwischen 1992 und 2007 gestorben sind", zu denen ein Leser dieser Zeilen offensichtlich nicht zählt. Diese Menschen haben oft noch das Kaiserreich erlebt, zumeist aber den zweiten Weltkrieg. Damals war die

Versorgung mit Vitaminen im Winter ein großes Problem, heute sieht die Gemüseabteilung das Jahr über fast gleich aus. In der Tat waren die meisten von der Studie erfassten Personen älter als die deutschen Supermärkte und damit auch älter als die Gemüseabteilung.

Die Datensätze zur Berufs- und Leserbefragung stammen aus der statistischen Beratungstätigkeit der Autorin.

Zum Nachlesen:

Currie, J., Schwandt, H.: Within-mother analysis of seasonal patterns in health at birth. Proceedings of the National Academy of Sciences USA 110 (30), S. 12265–12270, 2013.

Gniech, G.: „Nomen atque omen" oder „Name ist Schall und Rauch ..."? Der Sprachdienst 35, S. 73–81, 1991.

N. N.: Klingt mein Name nach Karriere? Erfolg hängt auch vom Namen ab. Bild Online, 02.01.2007.

Reffelmann, T. et al. Is Cardiovascular Mortality Related to the Season of Birth? Evidence From More Than 6 Million Cardiovascular Deaths Between 1992 and 2007. Journal of the American College of Cardiology 57(7), S. 887–777, 2011.

Rudolph, U. und Spörrle, M.: Alter, Attraktivität und Intelligenz von Vornamen: Wortnormen für Vornamen im Deutschen. Zeitschrift für Experimentelle Psychologie 46(2), S. 115–128, 1999.

Sachs, G.: Mein astrologisches Vermächtnis. Das Geheimnis von Liebe, Glück und Tod. München, Scorpio, 2014.

Taeger, H.-H.: Internationales Horoskope Lexikon. Freiburg im Breisgau, Hermann Bauer, 1998.

6.3 Wer attraktiv und glücklich ist

Jeder ist irgendwann einmal im besten Alter. Es kommt nur darauf an, wofür. Was die Popularität angeht, will eine britische Studie herausgefunden haben, dass sie im Alter von 29 Jahren am höchsten ist, und folgert, dass man in diesem Alter als besonders attraktiv wahrgenommen werde.

Tatsächlich gaben die 1.505 britischen Teilnehmer der Umfrage nur an, wie viele Freunde sie hatten. Dabei nannten die 29-Jährigen die größte Anzahl, im Durchschnitt 80. Das waren 16 Freunde mehr, als der Durchschnitt aller Altersgruppen hatte. Menschen im Alter von 29 Jahren glauben also wenigstens, sie hätten die meisten Freunde. Über die Realität oder gar die Qualität der Freundschaften sagt das gar nichts aus. Dass zudem die Zahl der Freunde etwas mit der eigenen Attraktivität zu tun haben soll, ist schon ein sehr gewagter Schluss.

Eine Reihe von Studien beschäftigt sich damit, wann Menschen besonders attraktiv sind – mit ähnlich fragwürdigen Ergebnissen. Gefragt wird meist, welches denn das „beste" Alter sei, und daraus folgt der Schluss, dass man in diesem Alter am attraktivsten sei. Einmal ergibt sich ein Alter von 27 Jahren, einmal eines von 35 Jahren.

Dabei sinkt die körperliche Anziehungskraft auf eine Person des anderen Geschlechts in der Tat mit zunehmendem Alter. Das heißt, statistisch gesehen sind junge Menschen attraktiv und alte nicht. Zumindest gilt das, wenn man Attraktivität auf sexuelle Attraktivität reduziert. Aber praktisch spielt das für den einzelnen nur eine kleine Rolle. Objektiv mögen 20-Jährige körperlich attraktiver sein, aber subjektiv fühlen sich Menschen mit Mitte 70 am wohlsten mit ihrem Aussehen. Mitte 50 hingegen kommt eine Art „Attraktivitäts-Midlife-Crisis". In diesem Alter sind Menschen am unzufriedensten mit ihrer körperlichen Ausstrahlung, egal was ihr Spiegelbild tatsächlich sagt.

Es ist durchaus möglich, die durchschnittlich wahrgenommene Attraktivität einer Person zu messen. Dazu legt man Versuchspersonen Fotos von Personen des jeweils anderen Geschlechts vor und lässt sie bewerten. Dabei scheint Attraktivität insbesondere mit der Symmetrie von Gesichtszügen zusammenzuhängen und mit ihrer „Durchschnittlichkeit". Künstlich erzeugte Gesichter, die mit Hilfe von Bildbearbeitungsprogrammen als Durchschnitt echter Gesichter erzeugt wurden, erhalten oft besonders hohe Attraktivitätswerte. Jedoch sind die Bewertungen anfällig für die bewährten Schönheitstricks. Denn Wissenschaftler fanden heraus, dass die Farbe Rot sowohl Frauen als auch Männer attraktiver wirken lässt, aber dabei werden rot gekleidete Frauen zugleich als untreuer und gefährlicher wahrgenommen.

Allerdings scheinen attraktive Menschen keinesfalls zufriedener im Leben zu sein – jedenfalls nicht die objektiv besonders attraktiven Menschen. Das womöglich interessanteste Ergebnis solcher Untersuchungen ist, dass Selbstbild und Fremdbild in aller Regel kaum übereinstimmen. Ob man sich selbst als attraktiv empfindet, hängt also in der Regel nicht damit zusammen, ob das andere auch so sehen.

Selbst (d. h. nicht fremd) eingeschätzte Attraktivität und Lebenszufriedenheit korrelieren allerdings, und man kann deshalb die Hypothese über Ursache und Wirkung einfach umkehren. So wie sich Menschen in höherem Alter tendenziell als attraktiver empfinden, sind sie auch insgesamt mit ihrem Leben zufriedener. Eine ganze Reihe von Faktoren spielen in Bezug auf die Lebenszufriedenheit eine nachweisliche Rolle: Stress, Wut, Sorge, Traurigkeit hängen negativ mit ihr zusammen, jedoch Freude und Genuss positiv. Die negativen Faktoren zeigen einen Verlauf, der entgegengesetzt ist zu dem der Kurve, wie attraktiv sich Menschen finden. Diese Faktoren haben größere Ausprägungen in der Midlife-Crisis, dagegen niedrigere in geringeren und höheren Altersjahren. Freude und Genuss nehmen umgekehrt zunächst ab und steigen im Alter wieder an.

Insgesamt verlaufen die selbst empfundene Attraktivität und die Lebenszufriedenheit bei beiden Geschlechtern gleich, aber nicht gleich stark. Frauen sind mit ihrem Leben in allen Altersgruppen ein bisschen zufriedener als Männer, schätzen sich selbst aber als weniger attraktiv ein. Die gute Botschaft gilt trotzdem für beide: Wer zufrieden ist, findet sich auch schön; wer sich schön findet, ist zufriedener.

Zum Nachlesen:

Braun, C. et al.: Beauty-Check – Ursachen und Folgen von Attraktivität. Regensburg, 2001.

Chalabi, M.: What's the best age to be? FiveThirtyEight, 06.08.2014.

Culzac, N.: At what age are we the most popular we'll ever be? The Independent, 04.08.2014.

Pazda, A. D. et al.: Red and Romantic Rivalry. Viewing Another Woman in Red Increases Perceptions of Sexual Receptivity, Derogation, and Intentions to Mate-Guard. Personal and Social Psychology Bulletin 40(10), S. 1260–1269, 2014.

Stone, A. et al.: A snapshot of the age distribution of psychological well-being in the United States. Proceedings of the National Academy of Sciences USA 107(22), S. 9985–9990, 2010.

6.4 Warum Monogamie im Trend liegt

Im Jahr 1950 gaben sich laut Statistischem Bundesamt 750.000 Paare in Deutschland das Ja-Wort, im Jahr 2013 noch 374.000; die Anzahl der Eheschließungen hat sich also fast genau halbiert. Daraus kann man aber noch nicht das Ende der Ehe ableiten. Von 1950 bis 1954 brach die Anzahl der Eheschließungen rapide auf 600.000 ein, anteilig auch die der Scheidungen. Vermutlich handelte es sich um verspätete Kriegsfolgen.

Bis Mitte der sechziger Jahre stieg die Anzahl wieder um fast 100.000 Ehen an. Es folgten ein schnurgerader Abfall bis Ende der Siebziger und ein langsamer Anstieg bis Ende der Achtziger. So ging es mit den deutschen Ehen auf und ab, wie Abb. 6.1 zeigt. Mögliche Gründe für Änderungen waren dabei nicht nur persönlicher, sondern auch rechtlicher Natur. So gilt seit dem 1. Januar 2008 das neue Unterhaltsrecht; einen anderen sichtbaren Einbruch der Zahl im Jahr 2001 könnte man durch die Einführung von eingetragenen Lebenspartnerschaften erklären und einen Absturz im Jahr 1991 als Folge der Einführung des bundesdeutschen Familienrechts in den neuen Bundesländern.

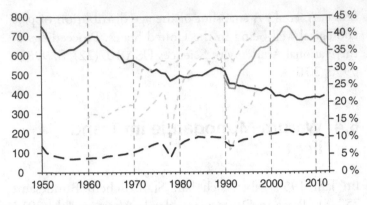

— Eheschließungen (in Tsd.)
-- Ehescheidungen (in Tsd.)
— Ehedauerspezifische Scheidungsziffer Gesamt
- Ehedauerspezifische Scheidungsziffer West
-- Ehedauerspezifische Scheidungsziffer Ost

Abb. 6.1 Eheschließungen, Scheidungen und zusammengefasste Scheidungsziffern in Deutschland 1950–2013

Ob Trauring oder nicht: Studien zufolge ist für 70 Prozent der Unter-30-jährigen Treue ein absolutes Muss. Zugleich trifft das nur auf 50 Prozent der Über-45-jährigen zu. Die Gründe sind allerdings nicht geklärt. Es mag sich bei den Älteren noch um ein Relikt der freien Liebe der Sechziger und Siebziger handeln, doch denkbar ist genauso, dass sich die Einstellung zur Treue im Laufe des Lebens ändert.

Was das Verhalten der Menschen angeht, so sprechen die Zahlen eine andere Sprache. In der großangelegten, über 13 Jahre laufenden Langzeitstudie pairfam gaben 4,5 Prozent der Jugendlichen an, im letzten Jahr fremdgegangen zu sein, verglichen mit 1,8 Prozent der End-Dreißiger. Nach anderen Studien ist bereits rund die Hälfte der Deutschen in ihrem Leben schon einmal fremdgegangen. Allerdings sind solche Zahlen wie auch die Sexpartnerstatistiken der Kondomhersteller immer mit Vorsicht zu genießen. Es kommt darauf an, wer wen fragt und wie die Frage genau lautet.

Was die Zahl der Sexualpartner angeht, finden sich entsprechend große Abweichungen zwischen den einzelnen Studien. Ein typisches Ergebnis wären aber durchschnittlich sechs bisherige Sexualpartner bei Frauen und zehn bei Männern. Dies lässt eine Reihe von möglichen Schlüssen zu. Entweder sind die Studien nicht repräsentativ oder eine erstaunliche Zahl von Männern berichtet eine enorme Zahl an homosexuellen Begegnungen; oder es wird gelogen, dass sich die Balken biegen.

Die Problematik solcher Befragungen liegt in dem Ausmaß an sozialer und auch persönlicher Erwünschtheit von Antworten, mit denen sich die Befragten konfrontiert sehen. Am ehesten erfährt man also durch derartige Umfragen, welche Anzahl an Sexualpartnern Menschen für eine Person ihres Alters und Geschlechts für angemessen erachten. Das gilt auch und gerade für das Befragungsergebnis, dass iPhone-Besitzerinnen bis zu ihrem 30. Lebensjahr fast doppelt so viele Sexualpartner genannt hatten wie jene mit einem Android-Smartphone. Im Gegensatz zum üblichen Muster berichteten sie sogar mehr Partner als ihre männlichen Pendants.

Monogamie ist nicht typisch für Säugetiere. Dagegen sind 90 Prozent der Vogelarten sozial monogam, das heißt, sie ziehen gemeinsam ihre Jungen auf. Seltener hingegen vögeln Vögel monogam. Etwa 30 Prozent der kleinen Vögelchen sind Kuckuckskinder. Ein nach eigenen Angaben wegweisender Artikel im Journal of Evolutionary Biology fand darüber hinaus eine erstaunliche Korrelation zwischen sexueller Monogamie und der Hodengröße.

Die genetische Vielfalt von Menschen deutet darauf hin, dass die effektive Populationsgröße der Frauen wesentlich früher zugenommen hat als die von Männern. Mit effektiver Populationsgröße bezeichnet man die Zahl der Menschen, deren Spuren noch im Erbgut sind, die sich demnach fortgepflanzt haben. Daraus lässt sich ableiten, dass urzeitliche Gruppen im Allgemeinen polygyn waren, dass also ein Mann mehrere Frauen befruchtet hat. Das heißt nicht, dass es insgesamt weniger Männer als Frauen gab, nur dass sich, verglichen mit den Frauen, ein geringerer Anteil der Männer fortgepflanzt hat. Die „Alpha-Männer" wurden mit größerer Wahrscheinlichkeit auch Väter. Eine ältere Untersuchung von eingeborenen Gesellschaften findet in etwa 80 Prozent davon ein polygynes Verhalten.

Da der Prozentsatz derer, die im letzten Jahr fremdgegangen sind, trotz aller Unsicherheit wohl nur im einstelligen Bereich liegt, ist für Deutschland heute die serielle Monogamie relevanter. Dies ist eine relativ neue Entwicklung. So hatten in der Heiratskohorte 1960 bis 1965 nur zehn Prozent der Eheleute eine Partnerschaft vor der Ehe.

Bis dass der Tod sie scheidet, sind Menschen nicht mehr selbstverständlich zusammen. Häufig liest und hört man: „Die Ehe wird heute in mehr als einem Drittel der Fälle vom Scheidungsrichter beendet." Diese Aussage ist aber weniger einfach zu treffen, als man meinen würde. Wer verheiratet ist, kann sich in einem Monat oder auch in drei Jahren wieder scheiden lassen. Die Anzahlen der Eheschließungen und der Scheidungen sowie die durchschnittliche

Ehedauer bis zur Scheidung sagen wenig darüber aus, wie lange eine heute geschlossene Ehe vermutlich halten wird.

Im Mittel haben Ehen bis zur Scheidung zuletzt 14 Jahre und 8 Monate gehalten, also 1 Jahr und 8 Monate länger als im Jahr 2000. In den letzten 10 Jahren zeigte sich ein positiver Trend, der vermuten lässt, dass Ehen wieder stabiler werden. Die scheidungsfreudigsten Ehejahrgänge waren diejenigen, die in den späten Achtzigern geheiratet hatten. Damals wurde jede neunte Ehe in den ersten fünf Jahren geschieden, mittlerweile nur noch jede zwölfte.

Wählt man als Bezugspunkt jedoch nicht die Achtziger, sondern geht bis in die fünfziger Jahre zurück, so zeigt der Trend eher in die Gegenrichtung. Ehen wurden seit damals zunehmend durch Scheidung anstatt durch Tod beendet. In den späten Siebzigern kam es zu einem Bruch durch die Einführung des Zerrüttungsprinzips und das geänderte Scheidungsrecht. Dadurch entstanden Verzögerungen; die Gerichte konnten die Scheidungen gar nicht schnell genug bearbeiten. Ähnliches zeigte sich nach der Wiedervereinigung. Das westdeutsche Scheidungsrecht wurde im Osten eingeführt; man musste ein Trennungsjahr einhalten, und so gab es plötzlich zwei bis drei Jahre mit relativ wenigen Scheidungen.

Die Anzahl von Scheidungen sagt wenig aus, wenn man nicht auch weiß, wie viele heiraten. Man kann mit den absoluten Zahlen beginnen; im Jahr 2013 gab es knapp 170.000 Scheidungen und damit 21 Prozent weniger als im Scheidungs-Rekordjahr 2003. Der Scheidungsquotient bezieht nun die Ehen, die in einem Jahr geschieden werden, auf alle Ehen, die im selben Jahr geschlossen werden. Diese beiden Anzahlen haben eigentlich nichts miteinander zu tun. Aber auch hier zeigt sich ein rückläufiger Trend von fast 56 Prozent im Jahr 2003 auf gut 45 Prozent zehn Jahre später.

Diese „Quote" ist zwar ziemlich nichtssagend. Sie aber den Vorteil, dass man sie relativ einfach berechnen kann, weshalb sie auch oft in den Schlagzeilen erwähnt wird. Ein erheblich sinnvollerer Weg, das Scheidungsverhalten zu beschreiben, ist die ehedauerspezifische Scheidungsziffer. Sie besagt, wie viele Ehen das erste, das zweite oder sogar das verflixte siebte Jahr nicht überstehen – dabei finden tatsächlich am meisten Scheidungen in diesem siebten Jahr statt, danach sinkt die Scheidungsziffer wieder.

Meistens zählt man bis zum Jahr 25 nach dem Jawort und nennt das Ergebnis die zusammengefasste Ehescheidungsziffer. Aktuell haben somit knapp 36 von 100 Ehen weniger als 25 Jahre gehalten. Bleibt diese Scheidungsintensität auf dem momentanen Niveau, dann besteht immerhin eine Chance von 64 Prozent, dass eine heute geschlossene Ehe mindestens 25 Jahre hält. Im Jahr 2005 waren es nur 58 Prozent. Der neueste Trend geht also scheinbar wieder in Richtung Langzeitehe – je nachdem, wo man die Zeitreihen in Abb. 6.1 beginnen lässt.

Das heißt übrigens nicht, dass bei längeren Ehen alles eitel Sonnenschein wäre. Mehr als jede achte Scheidung erfolgt nach über 26 Ehejahren. Rekordhalter war der damals 99-jährige Sardinier Antonio C., der sich nach 77 Ehejahren von seiner 96-jährigen Frau scheiden ließ. Grund war übrigens seine Affäre mit einer Frau in den Vierzigern.

Zum Nachlesen:

Durex: Give and receive. 2005 Sex Survey Results. www.durex.com, 2005.

Europäischer Rat: Soziale Indikatoren: Zusammengefasste Scheidungsziffer. www.gesis.org, o. J.

Murdoch, G. P.: Ethnographic Atlas. Database. University of California, Irvine, 1969.

Pitcher, T. E. et al.: Sperm competition and the evolution of testes size in birds. Journal of Evolutionary Biology 18, S. 557–567, 2005.

Schramm, S.: Das Ewige Ideal. Die ZEIT 15, 11.04.2011.

Statistisches Bundesamt: Eheschließungen, Ehescheidungen. www.destatis.de, o. J.

Statistisches Bundesamt: 5,2 % weniger Ehescheidungen im Jahr 2013. Pressemitteilung Nr. 258, 22.07.2014.

Wilhelm, K.: Fremdgehen ist die Regel. Bild der Wissenschaft 9, S. 16, 2010.

Krämer, W.: So lügt man mit Statistik. München, Piper, 11. Auflage, 2008.

6.5 Wie oft Partner einander schlagen

„Frauen werden ihrem Partner gegenüber häufiger gewalttätig als Männer – zu diesem Ergebnis kommt die neue große Studie zur Gesundheit Erwachsener in Deutschland", schrieb Spiegel Online im Mai 2013 unter Berufung auf die Gesundheitsstudie DEGS des Robert-Koch-Instituts. Diese Aussage gießt Wasser auf die Mühlen der Feminismus-Kritiker und liefert allen Grund, den Statistiken genauer auf den Grund zu gehen.

In der Studie wurden knapp 6.000 Personen im Alter von 18 bis 64 Jahren in Deutschland zu ihren Erfahrungen mit Gewalt befragt, beispielsweise: „Haben Sie selbst in den letzten 12 Monaten jemanden körperlich angegriffen (geschlagen, an den Haaren gezogen usw.)?" Rückblickend auf die vergangenen zwölf Monate sagten 1,2 Prozent der befragten 3.149 Frauen aus, sie hätten von ihrem Partner körperliche Gewalt erfahren, gegenüber lediglich 0,9 Prozent der befragten 2.790 Männer. Gewalttätig wurden nach eigener Auskunft 1,3 Prozent der Frauen, aber nur 0,3 Prozent der Männer. Insgesamt entspricht das rechnerisch 63 Opfern und 49 Tätern und Täterinnen unter den Befragten. Die statistische Unschärfe ist bei so kleinen Prozentsätzen ausgesprochen hoch. Nur auf etwa +/– 30 Prozent genau lässt sich die wahre Zahl der Täter und Opfer schätzen, denn so breit ist im vorliegenden Fall das entsprechende Konfidenzintervall. Noch dazu ist das Ergebnis in sich nicht schlüssig. Es gibt demnach viermal so viele Opfer-Frauen wie Täter-Männer und zugleich um gut ein Drittel mehr Täter-Frauen als Opfer-Männer. Womöglich waren einige gleichgeschlechtliche Paare darunter, oder gewalttätige Männer wechselten öfter die Partnerin. Aber damit lassen sich Einzelfälle erklären, nicht solche großen Diskrepanzen.

Das Grundproblem solcher Befragungen ist, dass man mit derart direkten Fragen zu heiklen, schambesetzten Themen selten die Wahrheit erfährt. Im vorliegenden Fall werden unter Umständen sogar strafrechtlich relevante Sachverhalte thematisiert. Selbst wenn alles anonym bleibt, ist das Ergebnis bestenfalls eine sozial erwünschte Antwort, also das, von dem der Befragte glaubt, dass es der Befragende hören will.

Um diese Studie in Relation zu amtlichen Zahlen zu setzen, genügt ein Blick in die Polizeiliche Kriminalstatistik. Jede neunte der insgesamt angezeigten Körperverletzungen wurde vom aktuellen Partner verübt. Das ergibt etwa 68.000 Straftaten; zählt man Ex-Partner mit, kommen weitere 25.000 Straftaten hinzu. Über das Geschlechterverhältnis der Täter und Opfer von Beziehungstaten schweigt sich die Kriminalstatistik aus. Allerdings waren nur 19 Prozent der Tatverdächtigen aller Fälle von Körperverletzung weiblich. Zusammen mit Daten der Vereinten Nationen ergibt sich auch, dass vier von fünf der Opfer, die von ihrem (Ex-)Partner getötet wurden, Frauen waren. Der Vergleich mit der Studie des Robert-Koch-Instituts hinkt aber, weil diese wenigstens Teile der Dunkelziffer erfassen konnte. In der Kriminalitätsstatistik tauchen nur Fälle auf, die bei der Polizei angezeigt wurden.

Frauen und Männer als Gewalttäter in Beziehungen – verhalten sich ihre Anzahlen nun wie 4:3 oder eher wie 1:4? Ein Indiz, welche Zahlen die realen Verhältnisse besser abbilden, liefert eine kleine Studie des Bundesfamilienministeriums aus dem Jahr 2004. Sie schlüsselt die Fälle unter anderem nach der Schwere der von Männern bzw. Frauen ausgeübten Gewalt auf. Die Studie ist nicht repräsentativ, aber dafür sind ihre Ergebnisse umso deutlicher. Unter den Gewaltopfern sagte kein einziger Mann aus, er sei von seiner Partnerin verprügelt worden, aber jedes fünfte weibliche Opfer berichtete von entsprechend schweren

Gewalterfahrungen. Die befragten Frauen waren auch häufiger und regelmäßiger Gewalt ausgesetzt als die Männer.

Dies steht im Widerspruch zur Studie des Robert-Koch-Instituts, bei der mehr als vier von fünf der männlichen Opfer aussagten, sie seien durch die Gewalt ihrer Partnerin schwer beeinträchtigt gewesen. Unter den weiblichen Opfern bejahte diese Frage nicht einmal jede zweite.

Neben der Schwierigkeit, die sich aus der sozialen Erwünschtheit von Antworten ergibt, bräuchte man vor allem eine klarere Definition von Gewalt. Andernfalls bleibt erlebte Gewalt in weiten Teilen eine Frage der persönlichen Empfindung. Ob etwa ein unerwünschtes Festhalten am Arm von Frauen wie Männern gleichermaßen als Gewalt empfunden wird oder wie stark ein Schubs sein muss, damit das Opfer ihn als Gewalt empfindet, ist in hohem Maße subjektiv geprägt. Man kann durchaus die Hypothese aufstellen, dass Männer solche Einschätzungen im Mittel anders vornehmen als Frauen. Belegt ist dies nicht, bislang gibt es dafür nur Indizien.

Im Grunde müsste man jede Form von Gewalt detailliert abfragen. Eigentlich hätte die empirische Sozialforschung Werkzeuge zur Hand, um Antworten auch um den Grad an sozialer Erwünschtheit bereinigen zu können. Dazu existiert die sogenannte „Randomized-Response-Methode". Hierfür wirft ein Befragter beispielsweise eine Münze und soll je nach Ergebnis ehrlich oder aber mit „ja" antworten. Was die Münze zeigt, weiß nur der Befragte. Statistisch lässt sich dann der Anteil falscher Ja-Antworten herausrechnen. Gleichzeitig birgt ein solches Vorgehen den Nachteil, dass die Hälfte der Antworten nicht verwendbar ist. Bei 6.000 Befragten muss ein Forscher abwägen, ob er solche Verluste

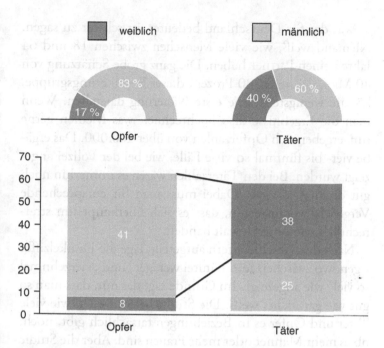

Abb. 6.2 Männliche und weibliche Gewalttäter und -Opfer

zu Gunsten von Ergebnissen, die vermutlich näher an der Wahrheit liegen, hinnehmen will.

So passen eben die Täter- und Opfer-Zahlen der Studie nicht gut zusammen. Drei von zehn gewalttätigen Frauen sind Täter ohne Opfer (= 1 – 0,9/1,3 = 0,3 = 3/10), drei von vier Frauen mit Gewalterfahrung sind Opfer ohne Täter (= 1 – 0,3/1,2 = 0,75 = 3/4). Auf je 100 Täter und Opfer gerechnet „fehlen" rechnerisch 33 von 40 männlichen Opfern und 43 von 83 männlichen Tätern. Das steht zwar so nicht in der Studie, aber es ist aus den Prozentangaben rekonstruierbar und in Abb. 6.2 dargestellt.

Was das für Deutschland bedeutet, ist schwer zu sagen. Niemand weiß, wie viele Menschen zwischen 18 und 64 Jahren einen Partner haben. Die ganz grobe Schätzung von 40 Mio., das heißt, 80 Prozent dieser Bevölkerungsgruppe, könnte wenigstens eine erste Näherung darstellen. Wenn man die Ergebnisse also hochrechnet, was Medien gerne tun, ergeben sich Opferzahlen von über 400.000. Das ergäbe vier- bis fünfmal so viele Fälle, wie bei der Polizei angezeigt wurden. Bei den Täterzahlen wären es immerhin noch gut dreimal so viele. Dabei muss man für entsprechende Vergleiche voraussetzen, dass es sich überhaupt um strafrechtlich relevante Gewalt handelt.

Nach den Geschlechtern aufgeteilt, läge die Dunkelziffer irgendwo zwischen „ein Fünftel weniger" und „vierzehnmal so viel" wie angezeigt. Im Grunde sagt das nur, dass man so gut wie gar nichts weiß. Die Studie belegt weder, wie viele Täter und Opfer es in Beziehungen tatsächlich gibt, noch, ob es mehr Männer oder mehr Frauen sind. Aber die Studie ist dennoch wertvoll, denn sie macht etwas anderes deutlich. Wenn ein Mann zum Opfer wird, gesteht er sich das heute eher ein als noch vor zehn Jahren. Zu einer Anzeige ringt sich trotzdem nur die Minderheit der Opfer durch.

Vor allem sagt die Studie letztlich eines: Frauen und Männer haben unterschiedliche Vorstellungen davon, was Gewalt ist. Männer scheinen, egal ob Täter oder Opfer, eher der Ansicht zu sein, dass es keine Gewalt war, wenn nichts Schlimmes passiert ist. Beide Aussagen erscheinen glaubhaft und wichtig. Darüber sollte man offen reden, anstatt mit Statistiken zu argumentieren, die nur falsch sein können.

Zum Nachlesen:

Bundeskriminalamt: Polizeiliche Kriminalstatistik 2013, Wiesbaden, 2014.

Cornelißen, W. et al.: Gender-Datenreport. Bundesministerium für Familie, Senioren, Frauen und Jugend, 2005.

Me, A. et al.: Global study on homicide. UNODC, 2011.

Schlack, R. et al.: Körperliche und psychische Gewalterfahrungen in der deutschen Erwachsenenbevölkerung. Ergebnisse zur Studie zur Gesundheit Erwachsener in Deutschland (DEGS1). Bundesgesundheitsblatt 56(5/6), S. 755–764, 2013.

Ternieden, H. und Schulz, B.: Gewalt gegen Männer: „Ich habe die Messer im Haus versteckt". Spiegel Online, 28.05.2013.

6.6 Wie man Schuld nicht herleitet

„Das Edathy-Theorem ist da wohl auf Seiten der Ermittler", behauptet Thomas Darnstädt auf Spiegel Online. Darnstädt argumentiert, dass die Bayes'sche Statistik das theoretische Fundament liefere für das Vorgehen der Staatsanwaltschaft, aus dem Vorliegen strafrechtlich nicht relevanten Materials auf das Vorliegen von weiterem, strafrechtlich durchaus relevantem Material zu schließen. Die Bayes'sche Statistik wurde im 18. Jahrhundert entwickelt und ist benannt nach ihrem Erfinder Thomas Bayes, einem englischen Philosophen und Statistiker. Weil der Anteil von Besitzern legaler Nacktbilder von Kindern unter den Konsumenten von

Kinderpornographie höher sei als unter Bürgern, die nicht zu solchen Konsumenten zählen, sei der Umkehrschluss erlaubt. Dieser lautet, so Thomas Darnstädt: „Wer legale Nacktbilder von Knaben sammle, der habe vielleicht auch Schlimmeres."

Er illustriert die Überlegung mit dem Beispiel einer Person X, die mit Taschen voller Geld nach einem Banküberfall aus der Bank rennt. Diese Person sei mit hoher Wahrscheinlichkeit der Täter, obwohl auch Menschen ganz legal viel Geld abheben und danach eiligen Schrittes die Bank verlassen. Die Zahl der Bankräuber, die ein solches Verhalten an den Tag legen, sei aber höher. Somit könne man schließen, dass Person X der Täter sei. Ähnlich gelagert gewesen sei der Fall O. J. Simpson: Die Wahrscheinlichkeit, dass eine getötete Ehefrau das Opfer ihres Ehemannes ist, erhöhe sich dramatisch, wenn besagter Ehemann sie zuvor verprügelt habe. Dort hätten allerdings die amerikanischen Verteidiger die Geschworenen mit ihrer falschen Interpretation der amerikanischen Statistik über misshandelte und getötete Ehefrauen überzeugt, während den „Profis in Deutschland" so etwas nicht hätte passieren können.

Für die USA ist bekannt, dass jährlich ca. zwei Prozent aller verheirateten Frauen von ihren Männern schwer misshandelt werden. Im Jahr 2011 wurden rund 3.300 Frauen ermordet, davon waren knapp 800 erwachsen, und der Täter kam dabei aus dem Familienkreis. Diese Zahlen veröffentlichten das FBI und das U.S. Department of Justice. Insgesamt leben in den USA etwa 55 Mio. verheiratete Frauen. Knapp einer von 1.000 Männern, die ihre Frau schwer misshandeln, tötet diese irgendwann. Wurde jedoch eine getötete Frau von ihrem Mann zuvor körperlich

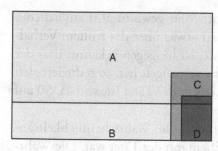

A = nicht verprügelt
B = verprügelte Ehefrauen
C = getötet Ehefrauen
D = vom Mann getötete
Ehefrauen

Abb. 6.3 Verprügelte und getötete Ehefrauen (nicht maßstäblich)

misshandelt, so war in vier von fünf Fällen der prügelnde Ehemann der Täter.

Diese scheinbar widersprüchlichen Zahlen werden besser verständlich, wenn man die Anzahlen verprügelter und getöteter Frauen wie in Abb. 6.3 darstellt.

Alle Verhältnisse und Wahrscheinlichkeiten sind aus statistischen Erhebungen bekannt, die Darstellung ist aber nicht maßstabsgetreu. Ist bekannt, dass eine Ehefrau von ihrem Mann verprügelt wird (B), so beträgt die Wahrscheinlichkeit, dass ihr Mann sie eines Tages töten wird, etwa 1:1.000 (D ohne B; hier vergrößert dargestellt). Ist nur bekannt, dass eine Ehefrau getötet wurde (C), so beträgt die Wahrscheinlichkeit, dass ihr Mann der Täter war, etwa 50 Prozent (D), da die Fläche D etwa die Hälfte der Fläche C ausmacht.

Ist jedoch zugleich bekannt, dass die getötete Ehefrau von ihrem Mann verprügelt wurde, so reduziert sich der interessierende Anteil getöteter Ehefrauen auf die Schnittmenge der Flächen C und B. Diese wird zu ca. 80 Prozent durch die Fläche D überdeckt. Die Wahrscheinlichkeit, dass der Ehemann der Täter ist, erhöht sich demnach von ca. 50 auf ca. 80 Prozent. Man gewinnt also zusätzliches Wissen dadurch, dass man etwas über das frühere Verhalten des Ehemannes erfährt. Ist hingegen bekannt, dass der Ehemann seine Frau nicht verprügelt hat, so reduziert sich die Wahrscheinlichkeit, dass er der Täter ist, von ca. 50 auf ca. 20 Prozent.

Dieses Wissen beeinflusst die Wahrscheinlichkeitsannahme darüber, ob der Ehemann der Täter war. Die Wahrscheinlichkeit, mit der er die Tat begangen hat, unter der Bedingung, dass er seine Frau verprügelt hat, ist nicht gleich der Wahrscheinlichkeit, mit der er die Tat begangen hat, wenn nichts über sein Vorleben bekannt ist. Daher rührt die Bezeichnung „bedingte Wahrscheinlichkeit". Entscheidend ist, dass die Wahrscheinlichkeiten hier für das Zusammentreffen (oder Nicht-Zusammentreffen) von drei verschiedenen, aber nicht unabhängigen Ereignissen berechnet werden:

- Die Frau wird verprügelt (ja/nein).
- Die Frau wird getötet (ja/nein).
- Der Ehemann ist der Täter (ja/nein).

Die Frage lautet dann: Wie viele getötete Ehefrauen, die von ihrem Ehemann geschlagen wurden, wurden auch von ihm getötet?

Diese Wahrscheinlichkeit *P(Ehemord|Geschlagen)*, also die bedingte Wahrscheinlichkeit, dass eine tote Frau von ihrem Mann ermordet wurde, wenn dieser sie zuvor geschlagen hatte, kann mit Bayes' Hilfe berechnet werden, weil sie auf drei gemessene Werte zurückgeführt werden:

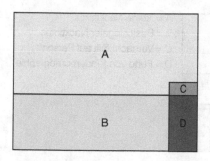

A = kein Banküberfall

B = Banküberfall

C = Person rennt mit Geld aus der Bank

D = herausrennende Person ist Bankräuber

Abb. 6.4 Rennende Bankkunden und Bankräuber

Ob Mörder zuvor ihre Frauen auch geschlagen haben, und wie viele Ehefrauen getötet bzw. geschlagen werden.

$$P(Ehemord \mid Geschlagen)$$

$$= \underbrace{P(Geschlagen \mid Ehemord)}_{bekannt} * \underbrace{\frac{\overbrace{P(Ehemord)}^{bekannt}}{P(Geschlagen)}}_{bekannt}$$

Aber es gibt auch Ehefrauen, die von jemand anderem getötet wurden, unabhängig davon, ob ihr Mann sie verprügelt hatte oder nicht. Auch die Menge der Ehefrauen, die von ihrem Mann getötet werden, ohne dass der Tat eine Misshandlung vorausging, ist nicht leer. In der Antwort auf die Frage, ob ein Teil der Fläche D über die Fläche B hinausragt, unterscheidet sich der Fall O. J. Simpson vom fiktiven Fall des Bankräubers. Dessen Fall ist in Abb. 6.4 dargestellt.

Alle Verhältnisse und Wahrscheinlichkeiten können theoretisch, etwa durch Befragungen, erhoben werden. Der wesentliche Unterschied liegt darin, dass die Menge der Personen, die mit einer Tasche voller Geld aus der Bank rennen

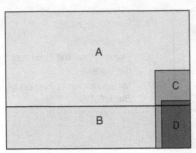

A = keine Nacktfotos
B = Besitz legaler Nacktfotos
C = Verdacht fällt auf Person
D = Fund von Kinderpornographie

Abb. 6.5   Besitzer von Kinderpornographie und Verdächtige

und zugleich Bankräuber sind, praktisch leer ist, wenn zuvor kein Banküberfall stattgefunden hat. Die Fläche D liegt somit praktisch vollständig innerhalb der Fläche B.

Hier verändert sich die Wahrscheinlichkeitsbewertung durch die Hinzunahme der Bedingung „es hat ein Banküberfall stattgefunden" von fiktiven, aber erfahrungsgemäß plausiblen 90 Prozent (d. h. neun von zehn Personen, die rennend mit einer Tasche voller Geld eine Bankfiliale verlassen, sind Bankräuber) auf annähernd 100 Prozent. Hat kein Banküberfall stattgefunden, so verringert sich die Wahrscheinlichkeit, dass es sich um einen Bankräuber handelt, von 90 auf 0 Prozent. Die drei wahrscheinlichkeitsbehafteten Ereignisse sind folgende:

- Die Bank wird überfallen (ja/nein).
- Eine Person rennt mit Geld in der Tasche aus der Bank (ja/nein).
- Die Person ist ein Bankräuber (ja/nein).

Wie verändert sich nun die Wahrscheinlichkeit, dass eine Person Kinderpornos besitzt, wenn bekannt ist, dass sie legale

Nacktfotos von Kindern im Internet bestellt hat? Abbildung 6.5 ähnelt zunächst tatsächlich den beiden anderen Abbildungen, so dass die Argumentation von Darnstädt nachvollziehbar erscheint – jedenfalls auf den ersten Blick.

Man übersieht jedoch leicht, dass es auch hier um drei Ereignisse geht:

- Eine Person besitzt legale Nacktfotos (ja/nein).
- Ein Verdacht fällt auf diese Person (ja/nein).
- Die Person besitzt Kinderpornographie (ja/nein).

Aus Sicht der Staatsanwaltschaft ändert sich, rechnerisch vollkommen korrekt, die Wahrscheinlichkeit dafür, dass eine Person kinderpornographisches Material besitzt, wenn etwa im Zuge polizeilicher Ermittlungen legale Nacktfotos von Kindern entdeckt werden. Denn innerhalb der Fläche C („Verdacht") macht der Anteil kinderpornographischer Funde unter Personen, bei denen keine legalen Nacktfotos entdeckt wurden, nur einen sehr kleinen Prozentsatz aus (Schnittmenge D-C-A im Verhältnis zur Schnittmenge C-A). Stößt die Polizei auf legale Nacktfotos von Kindern, so werden sehr häufig auch kinderpornographische Materialien entdeckt (Schnittmenge D-C-B im Verhältnis zur Schnittmenge C-B).

Die Folgerung „wer legale Nacktfotos von Kindern kauft, der kauft auch Kinderpornos", ist dennoch falsch, denn der Anteil von Kinderpornographie-Konsumenten unter den Besitzern legaler Nacktfotos von Kindern ist unbekannt, solange auf diese Personen kein konkreter Verdacht fällt. Exakt dasselbe gilt für Personen, die eben keine legalen Nacktfotos von Kindern besitzen. Die Aussage Darnstädts, dass „der Anteil von Besitzern legaler Nacktbilder von Kindern unter den Konsumenten von Kinderpornographie höher sei als unter Bürgern, die nicht zu solchen Konsumenten zählen", mag plausibel sein, ist aber empirisch nicht belegbar. Um es mit Bayes auszudrücken:

$$P(Porno \mid Nacktbilder)$$

$$= P\underbrace{(Nacktbilder \mid Porno)}_{\approx 1} * \frac{\overset{unbekannt}{P(Porno)}}{\underbrace{P(Nacktbilder)}_{unbekannt}}$$

Es ist erstens nicht seriös abschätzbar, wie groß überhaupt der Anteil an Deutschen ist, die regelmäßig Nacktfotos von Kindern und Jugendlichen betrachten, ohne dabei gegen geltendes Recht zu verstoßen, denn dafür müsste die deutsche Justiz repräsentative Stichproben erheben. Ohne Anfangsverdacht lässt sich aber eine derartige Erhebung nicht rechtfertigen, und seriöse Studien unabhängiger Institute zum Nacktfoto-Konsum liegen ebenso wenig vor. Somit sind zweitens auch keine empirisch fundierten Aussagen darüber möglich, ob der Anteil der Besitzer von Kinderpornographie unter den Personen, die keine legalen Nacktbilder von Kindern sammeln, signifikant geringer ist als unter denjenigen, die solches tun. Es ist also bei weitem nicht klar, wie sich die Flächen B und A in Abb. 6.5 zueinander verhalten und wie weit – falls überhaupt – die Fläche D in die Fläche A hinein ragt.

Dass belastbare Aussagen über die Grundwahrscheinlichkeiten nicht vorliegen, ist der entscheidende Schwachpunkt bei der Auswertung der Statistik. Genau an dieser Stelle unterscheidet sich der Fall Edathy vom Simpson-Fall und vom prototypischen Bankräuber-Fall. Wir haben Täter-Opfer-Statistiken zu häuslicher Gewalt und könnten zumindest theoretisch Erhebungen über Banküberfälle und rennende Bankkunden – legale und illegale – durchführen. Was Kinderpornographie angeht, sehen wir bestenfalls den Ausschnitt, den die Staatsanwaltschaft zu Gesicht bekommt. Wenn wir der Justiz nicht völlige Inkompetenz unterstellen, so muss das Verhältnis von Verdächtigen mit Kinderpornos zu Verdächtigen mit Nacktbildern höher sein als das entsprechende Verhältnis in der Gesamtbevölkerung.

Ein scheinbar korrekter Einwand wäre: „Aber Edathy ist Verdächtiger, also ist für ihn nicht das unbekannte Verhältnis der Konsumenten legaler und illegaler Nacktbilder in der Gesamtbevölkerung, sondern das bekannte Verhältnis unter den Verdächtigen relevant!" Allerdings lautet die Argumentation dann: „Edathy ist verdächtig, deswegen ist er auch mit hoher Wahrscheinlichkeit schuldig." Das ist eine Folgerung, die für die Bild-Zeitung zulässig sein mag, für einen Rechtsstaat aber nicht. Für manche mag es ein Armutszeugnis sein, dass die Justiz keine Zufallsstichproben nimmt, für den Rechtsstaat ist es ein gutes Zeichen. Die Strafprozessordnung berücksichtigt dem Grunde nach dieses Problem fehlender Stichproben, indem sie in unterschiedlichen Verfahrensstadien differenzierte Verdachtsgrade anlegt, nämlich

- den „einfachen" Tatverdacht (§ 152 Abs. 2 StPO), erforderlich für die Einleitung eines Ermittlungsverfahrens, wenn ein strafbares Verhalten nicht völlig ausgeschlossen ist,

- den hinreichenden Tatverdacht (§ 170 Abs. 1 StPO) für die Erhebung der Anklage (überwiegende Verurteilungswahrscheinlichkeit) und
- die Überzeugung (§ 261 StPO) des Gerichts (für eine Verurteilung).

Die Einleitung eines Ermittlungsverfahrens – und allein darum ging es bei Edathy – setzt lediglich einfachen Tatverdacht voraus. Im konkreten Fall mag die Staatsanwaltschaft über weitere Informationen verfügt haben, die zu Ungunsten von Edathy sprachen. Dazu zählt etwa das Wissen, dass er über längere Zeiträume Material aus einer bestimmten Quelle bezogen hat, über deren übliches Kundenverhalten möglicherweise zusätzliche Informationen vorlagen. Diese Informationen sind nicht öffentlich bekannt; die Staatsanwaltschaft argumentiert zudem mit „kriminalistischer Erfahrung", aber nicht mit Wahrscheinlichkeiten. Das darf sie tun, aber statistische Schlüsse lassen sich daraus nicht ziehen.

Zum Nachlesen:

Catalano, S.: Special Report Initimate Partner Violence. BJS, 2012.

Darnstädt, T.: Ermittler im Fall Edathy: Der Justizirrtum. Spiegel Online, 18.02.2014.

FBI: Supplementary Homicide Report (OMB Form No. 1110-0002). Database. www.fbi-gov, o. J.

Satzger, H.: Im Anfang war der Verdacht – oder doch nicht? Zur Frage, ob die Staatsanwaltschaft ohne Kenntnis einer

Straftat gegen einen sich legal verhaltenden Bürger ermitteln darf. In: Ein menschengerechtes Strafrecht als Lebensaufgabe. Festschrift für Werner Beulke zum 70. Geburtstag, München, C. F. Müller, 2015.

6.7 Wer liest, schreibt und kriminell wird

Zwei Frankfurter Forscher berechneten in einer Studie der Bertelsmann-Stiftung, dass Bremen bei einer 50-prozentigen Reduktion der Schulabbrecher-Quoten pro Einwohner 35,11 € an Kriminalitätskosten sparen würde. Berlin könnte von 33,46 € profitieren, im Saarland betrüge hingegen die Einsparung nur 11,99 €.

Wäre 2009 die Zahl der Schulabgänger ohne Hauptschulabschluss halbiert worden, so hätte es diesem statistischen Modell zufolge 13.415 Raubüberfälle und 416 Fälle von Mord und Totschlag weniger gegeben. Damit hätten 1,42 Mrd. € an Folgekosten der Kriminalität eingespart werden können. Die präzisen Zahlen stützen sich auf Daten aus einer britischen Studie von 2005. Sie stellen eine ungefähre Schätzung dar, die unter anderem auf dem „statistischen Wert eines Lebens" beruhen, der irgendwo zwischen 1,1 und 4,4 Mio. Euro angesetzt wird. Weil hier ein Millionenbetrag durch eine noch größere Zahl, die Einwohner Deutschlands, dividiert wird, ergeben sich für die Kosten pro Einwohner rechnerisch scheinbar cent-genaue Ergebnisse. Diese täuschen eine Genauigkeit vor, die in der Realität keinesfalls so gegeben sein kann.

Nicht einfacher ist die Beurteilung der Vorhersagen zu Mord und Totschlag. Denn noch nicht einmal die Zahl der Opfer ist gesichert. Um Todesfälle durch Gewalttaten zu zählen, gibt es zwei mögliche Quellen. Die eine ist die Polizeiliche Kriminalstatistik. Die andere ist die Statistik der Todesursachen, in der ausgezählt wird, wie häufig auf Totenscheinen die Todesursache „Tätlicher Angriff" vermerkt ist. In Großbritannien ist der Unterschied besonders extrem. Dort verzeichnete die Polizei von 2007 bis 2009 fast viermal so viele Opfer von Mord und Totschlag, wie laut Totenschein daran gestorben sind. Auch in Dänemark, Deutschland, Irland und Frankreich zählte die Polizei mehr Gewaltopfer als die Ärzte. In Lettland war es hingegen umgekehrt. Ein Drittel der Gewaltopfer tauchte in den Leichenhallen auf, aber nicht in der Kriminalstatistik.

Es gibt eben immer Todesfälle, bei denen die Todesursache unbekannt ist. Hier ermittelt die Polizei, und in etwa jedem fünften Fall wird obduziert. Wenn sich herausstellt, dass am Tod ein Dritter beteiligt war, gibt es einen Obduktionsschein mit korrigierter Todesursache. Die amtliche Statistik wird aber oft nicht mehr verändert. Umgekehrt erfasst die Polizeiliche Kriminalstatistik nur Fälle mit Tötungsabsicht, Körperverletzung mit Todesfolge gehört nicht dazu. Schließlich zählt sie einen Fall erst, wenn er abgeschlossen ist und an die Justiz übergeben wird. Bei Mord können sich solche Ermittlungen durchaus über Jahre oder gar Jahrzehnte hinziehen.

„Bildung" lässt sich mindestens so schwer erfassen wie Kriminalität. Formal erscheinen Schulabschlüsse geeignet, aber sie allein sagen längst nicht alles darüber aus, wie gut ein Mensch die grundlegenden Kulturtechniken des Lesens,

Schreibens und Rechnens beherrscht. So leben in Deutschland offenbar fast doppelt so viele funktionale Analphabeten (s. u.), wie man lange geglaubt hat, nämlich rund 7,5 Mio. Menschen. Diese Zahl ergibt sich aus der Hochrechnung einer Befragung unter rund 8.500 Deutschen im Alter zwischen 18 und 64 Jahren. Jeder siebte Erwachsene, 14,5 Prozent, kann also nicht gut genug lesen und schreiben, um zusammenhängende Texte zu verstehen.

Die Schätzung stammt aus der LEO-Studie der Universität Hamburg, die im Jahr 2011 erschienen ist. Die Betroffenen teilen sich auf in etwa 300.000 Menschen, die höchstens einzelne Buchstaben lesen können (Analphabeten). Weitere zwei Mio. können nur einzelne Wörter verstehen. Damit verbleiben über 5 Mio. Menschen, die zwar Wörter und gelegentlich einzelne Sätze lesen und verstehen können, aber eben keine Gebrauchsanweisung und keinen Behördenbrief. Zusammen ergeben diese drei Gruppen die sogenannten „funktionalen Analphabeten".

Fast zwei Drittel der funktionalen Analphabeten arbeiten oder sind in Ausbildung. Ungefähr jeder sechste von ihnen ist arbeitslos, der Rest besteht zu gleichen Teilen aus Hausfrauen und Hausmännern oder ist aus anderen Gründen nicht erwerbstätig. Ein Drittel der funktionalen Analphabeten ist zwischen 50 und 64 Jahre alt; nur jeder fünfte ist jünger als 30. Warum das so ist, weiß man nicht genau.

Mit der einfachen Annahme, die gleichmäßig einen Anteil funktionaler Analphabeten von 14,5 Prozent der Erwachsenen in jedem Bundesland annimmt, errechnen sich plakative Zahlen wie etwa 1 Mio. funktionale Analphabeten in Baden-Württemberg. Für Bayern käme man damit auf knapp 1,2 Mio. funktionale Analphabeten, für Nordrhein-

Westfalen auf 1,6 Mio. und für Berlin auf gut 300.000. Das sehen die Volkshochschulen anders. Sie führen den Großteil der Alphabetisierungskurse durch und beraten Analphabeten, auch wenn die Ratsuchenden hinterher keinen Kurs belegen. Aufgrund dieser Erfahrungen schätzen sie, dass in Berlin 150.000 bis 200.000 echte Analphabeten leben, die nicht einmal einen vollständigen Satz lesen können. Das ist ein deutlicher Widerspruch zu den LEO-Ergebnissen, denn mit deren Hochrechnung käme man auf eine Zahl von 100.000.

Wer einfach den durchschnittlichen Anteil auf die einzelnen Bundesländer überträgt, ignoriert die Tatsache, dass sich die Schulabschlüsse sehr ungleichmäßig verteilen. Auch wenn zwischen Schulbildung und Bildung Lücken klaffen, so gibt es doch einen starken Zusammenhang. Fast 60 Prozent der Erwachsenen ohne Schulabschluss sind funktionale Analphabeten, jeder vierte mit Hauptschulabschluss zählt dazu, aber auch jeder zwanzigste mit Abitur oder Fachabitur. Gerade die Hochrisikogruppe, Schulabgänger ohne Abschluss, schwankt regional enorm.

Insgesamt gibt es immer weniger Schulabbrecher. In Mecklenburg-Vorpommern waren es zuletzt 14 Prozent, in Baden-Württemberg nur 5 Prozent. Wenn man diese Tatsachen berücksichtigt, dann errechnen sich für Berlin fast 80 Prozent mehr Analphabeten, als man rein aufgrund der LEO-Studie glauben würde. Erstaunlicherweise deckt sich das Ergebnis dann ziemlich gut mit der Schätzung der Volkshochschulen. Vermutlich sind also sogar 21 Prozent der erwachsenen Berliner funktionale Analphabeten.

Auch die Zahlen für Mecklenburg-Vorpommern, Sachsen-Anhalt und Schleswig-Holstein muss man nach oben

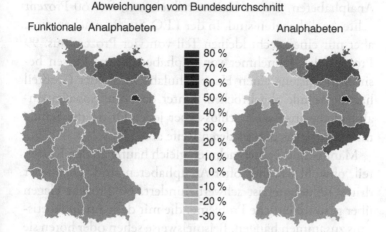

Abb. 6.6 Abweichung der Anteile von (funktionalen) Analphabeten an der Bevölkerung (Alter von 18 bis 64) vom Durchschnitt

korrigieren. Dafür leben in Hamburg und Niedersachsen wohl weniger funktionale Analphabeten als im Bundesdurchschnitt. Abbildung 6.6 stellt die jeweilige Relation dar, wobei die Karten nicht die „Wahrheit" sagen, sondern nur eine Annäherung an die Wahrheit unter bestimmten Annahmen. Eine davon lautet, dass sich die Schulabschlüsse in älteren Generationen regional so verteilen wie unter den Schulabgängern der Jahre 1997 bis 2010. Außerdem dramatisieren die Karten, weil sie Bezüge zu kleinen Prozentsätzen herstellen und die Abweichungen dadurch sehr groß erscheinen.

Wer sich als Erwachsener dazu motiviert, lesen und schreiben zu lernen, ist häufig unter denjenigen zu finden, die es am wenigsten können. Der Deutsche Volkshochschulverband hat ermittelt, dass unter den funktionalen

Analphabeten, die an Kursen teilnehmen, fast 60 Prozent echte Analphabeten sind. In der LEO-Studie machen diese aber nur einen recht kleinen Teil von vier Prozent aus. 99 Prozent der Teilnehmer von Alphabetisierungskursen besitzen höchstens einen Hauptschulabschluss, der Großteil hat die Schule abgebrochen. Unter den funktionalen Analphabeten insgesamt schloss aber jeder Dritte die Schule mit mindestens der mittleren Reife ab.

Männer und Frauen nehmen gleich häufig an den Kursen teil, obwohl Männer öfter Analphabeten sind. Und jeder dritte Teilnehmer ist schwerbehindert, 60 Prozent klagen über gesundheitliche Probleme, die mit dem Analphabetismus zusammen hängen. Beispielsweise sehen oder hören sie schlecht oder sie haben Sprachfehler. Das ergibt zwei- bis dreimal so viele Betroffene wie im deutschen Durchschnitt. Umgekehrt leben offenbar in Deutschland viele Menschen, die nicht richtig lesen und schreiben können, die man aber mit Kursen bisher kaum erreicht. Sie haben formal eine eher höhere Schulbildung, können zumindest einzelne Sätze lesen und sind auch nicht behindert oder krank. Wenn man also im Alltag einigermaßen zurechtkommt und keine gesundheitliche „Entschuldigung" hat, warum man nicht lesen kann, scheint die Scham ein großes Problem zu sein.

Zum Nachlesen:

Birkel, C. (2003): Die polizeiliche Kriminalstatistik und ihre Alternativen. Datenquellen zur Entwicklung der Gewaltkriminalität in der Bundesrepublik Deutschland. Martin-Luther-Universität Halle-Wittenberg, Der Hallesche Graureiher 2003-1, 2003.

Bundeskriminalamt: Polizeiliche Kriminalstatistik 2009. Wiesbaden, 2010.

Entorf, H. und Sieger, P. (2010): Unzureichende Bildung: Folgekosten durch Kriminalität. Gütersloh, Bertelsmann Stiftung, 2010.

Eurostat: Statistics Explained: Statistiken zur Kriminalität. www.ec.europa.eu, o. J.

Eurostat: Statistics Explained: Todesursachenstatistiken. www.ec.europa.eu, o. J.

Grotlüschen, A. und Riekmann, W.: Funktionaler Analphabetismus in Deutschland. Münster, Waxmann, 2012.

Home Office: The economic and social costs of crime against individuals and households 2003/04. Home Office Online Report 30, 2005.

Oeynhausen, N.: Lesen? – Für viele ein Fremdwort. Stuttgarter Nachrichten, 15.09.2011

Statistisches Bundesamt: Statistik der Allgemeinbildenden Schulen, Absolventen/Abgänger: Bundesländer, Schuljahr, Geschlecht, Schulabschlüsse, Tabelle 21111-0014. www.genesis.destatis.de, o. J.

Von Rosenbladt, B. und Bilger, F.: Erwachsene in Alphabetisierungskursen der Volkshochschulen. München, Deutscher Volkshochschul-Verband, 2011.

7

Das Handwerkszeug

7.1 Daten und Skalen

Die Wahl einer geeigneten statistischen Methode zur Analyse eines Datensatzes wird entscheidend beeinflusst von der Form, in der die Daten vorliegen. Im statistischen Sinn meint der Begriff „Daten" eine strukturierte Zusammenstellung der Ausprägung von Merkmalen. Ein Merkmal ist eine Eigenschaft, zu der an den Subjekten Messungen durchgeführt wurden oder Zahlen bekannt sind. Diese Messungen liegen stetig oder diskret in verschiedenen Skalen vor.

Ein Merkmal heißt *nominalskaliert*, wenn seine Ausprägungen Namen oder Bezeichnungen sind, etwa „rot", „grün", „Auto", „Bahn", denen keine Ordnung zugrunde liegt. „Rot" ist nicht „mehr" oder „besser" als „grün". Gibt es eine Ordnung, beispielsweise bei Bewertungen von „sehr schlecht" bis „sehr gut", wie sie in vielen Fragebögen auftauchen, so heißen die Daten *ordinalskaliert*. Lässt sich mit den Abständen zwischen den Werten sinnvoll rechnen, so sind die Daten *intervallskaliert*. So ist eine Außentemperatur von 22 °C um genau so viel höher als 20 °C, wie 20 °C höher sind als 18 °C.

In vielen Studien wird bei ordinalskalierten Daten von einer Intervallskalierung ausgegangen. Man nimmt also an, dass bei Probanden die Schritte von „sehr gut" zu „gut" und von „gut" zu „mittel" gleich groß sind, ohne dies vorher überprüft zu haben. Dies führt oft zu zweifelhaften Ergebnissen. Andererseits werden fein aufgelöste, intervallskalierte Daten, sogenannte *metrische* oder *stetige* Angaben, gerne in grobe Kategorien eingeteilt. Anstelle des Alters der Personen werden Gruppen wie „<18" oder „18–25" gebildet. Das hat oft ganz praktische Gründe, aber gelegentlich werden durch geschickte Wahl der Gruppen Schwächen in den Daten versteckt, ähnlich wie pixelige Fotos in Partnerbörsen oft wenig mit der Realität zu tun haben.

Schließlich muss man bei der Bildung von Verhältnissen noch Vorsicht walten lassen, und zwar in mehrfacher Hinsicht. Einerseits sind längst nicht alle intervallskalierten Werte auch *verhältnisskaliert*. 100 km sind eine doppelt so lange Distanz wie 50 km, aber 20 °C sind nicht doppelt so warm wie 10 °C, da 0 °C ein willkürlicher Nullpunkt ist. (Wem das nicht einleuchtet, der möge überlegen, wie sich 10 °C zu – 10 °C verhalten.)

7.2 Mittelwerte und Streuung

Menschen vergleichen sich liebend gerne mit anderen, egal ob es um ihre Gesundheit, ihr Einkommen oder ihr persönliches Glück geht. Was der Durchschnittsdeutsche verdient, isst, trinkt oder jährlich mit dem Auto zurücklegt, wird errechnet, indem man die Einzelwerte aller befragten

Deutschen (nicht aller Deutschen!), die auch geantwortet haben, addiert und durch die Anzahl der Antworten teilt.

Der Mittelwert ist deshalb so informativ, weil er jede einzelne Antwort berücksichtigt. Genau deshalb reagiert er aber auch ziemlich sensibel auf extreme Antworten. Man kann sich einmal vorstellen, dass in der Fließbandabteilung eines Automobilkonzerns die vier Mitarbeiter und der Chef die folgenden Monatsgehälter haben: 1.200 €, 1.200 €, 1.200 €, 1.400 € und 3.600 €. Im jährlichen Lohnstreit argumentiert der Arbeitgeber nun wie folgt: „Unsere Mitarbeiter verdienen im Mittel 1.720 €, das ist ein fairer Lohn in dieser Abteilung."

Die Gewerkschaft hingegen behauptet: „Das mittlere Gehalt in dieser Abteilung beträgt 1.200 €, da die Hälfte der Arbeitnehmer mindestens diesen Betrag verdient und die andere Hälfte höchstens." Beide Seiten argumentieren richtig, sie haben aber verschiedene Vorstellungen davon, was ein „Durchschnitt" ist. Der Arbeitgeber präsentiert das arithmetische Mittel, das wohl die meisten Menschen im Kopf haben, wenn sie über „Durchschnitte" nachdenken. Die Gewerkschaft benutzt hingegen den Median, der die ihrer Größe nach geordneten Daten „in der Mitte teilt".

Offensichtlich muss man Daten vorliegen haben, mit denen man wirklich rechnen darf, wenn man daraus den arithmetischen Mittelwert bestimmen will. Für den Median genügt es, wenn sich die Daten ordnen lassen. Das ist bei Rangplätzen typischerweise der Fall. Doch wer mit Rangplätzen rechnet, trifft womöglich schwere Fehlentscheidungen. Da wären zum Beispiel zwei Marathonläufer. Im ersten Rennen kommt Läufer A nach 3:10 Stunden über die Ziellinie, im zweiten Rennen nach 3:08 Stunden. Läufer B ist im ersten Rennen mit 3:09 Stunden ein kleines bisschen schneller, im zweiten Rennen jedoch mit 3:45 Stunden deutlich langsamer. Falls niemand sonst teilnimmt, erzielt jeder Läufer einmal Rang 1 und einmal Rang 2, im Mittel also 1,5. Sind sie wirklich gleich gute Läufer?

Aus Sicht der Sportstatistik, die sich um Platzierungen dreht? – Ja. Aus Sicht des Buchmachers, der die Quoten für das nächste Rennen bestimmen will? – Wohl kaum. Tatsächlich absolviert Läufer A im Durchschnitt die 42 km in 3:09 Stunden, Läufer B in 3:27 Stunden. Martina Navratilova hat es so ausgedrückt: „Um nach oben zu kommen und dort zu bleiben, kommt es nicht darauf an, wie gut du bist, wenn du gut bist, sondern wie gut du bist, wenn du schlecht bist."

Für Merkmale, die sehr schief und unsymmetrisch verteilt sind, wie zum Beispiel Einkommen oder bestimmte medizinische Laborwerte, ist das arithmetische Mittel wegen seiner Empfindlichkeit gegenüber Ausreißern (extremen Werten) nicht sinnvoll zu interpretieren. Würde man etwa das Einkommen des Abteilungsleiters im obigen Beispiel auf 6.000 € erhöhen, dann hätten im Mittel alle Mitarbeiter 2.200 €. Genützt hätte die Erhöhung aber nur dem Chef, und die Mehrheit hätte nicht profitiert. Deshalb wird für die Berechnung der Armutsgefährdung in Deutschland auch das Medianeinkommen herangezogen.

Wenn man sich aber für die Ausreißer oder allgemein für die Werte an den Rändern interessiert, ist der Median nicht aussagekräftig. In den beiden Folgejahren wird in unserem Beispiel das Einkommen von zwei Mitarbeitern von 1.200 € abgesenkt auf 1.000 € und dann auf 800 €. Trotzdem lügt der Chef statistisch gesehen nicht, wenn er sagt:

„Die Bezahlung in unserer Abteilung ist fair, denn das Medianeinkommen ist in den letzten Jahren gleich geblieben." Im echten Leben könnte es demnach – solange nur auf den Median geblickt wird – unbemerkt bleiben, dass Millionen Arbeitnehmer immer schlechter verdienen.

Eine Verallgemeinerung des Medians sind die *Quantile*. Statt die Daten in der Mitte zu teilen, könnte man die Grenze auch bei 10, 25 oder 95 Prozent ziehen. Für die 25-Prozent-Abschnitte spricht man von Quartilen, entsprechend auch von Quintilen (20-Prozent-Schnitte) oder Dezilen (Zehn-Prozent-Schnitten).

Manchmal tauchen auch „typische" Werte auf; gemeint ist bei Befragungen dann die Antwort, die am häufigsten genannt wurde. Der Fachbegriff dafür ist *Modalwert*. Für Wachstums- und Zinsfaktoren verwendet man das *geometrische Mittel*, für Geschwindigkeiten das *harmonische Mittel*. Ein Modalwert liefert nur dann Informationen, wenn es nicht allzu viele Antwortmöglichkeiten gibt und eine davon klar heraussticht. (In schlecht geplanten Befragungen ist das die Kategorie „sonstige".)

Das geometrische Mittel berechnet man, indem man alle n Werte miteinander multipliziert und aus dem Produkt die n-te Wurzel zieht. Das geometrische Mittel zu verstehen, schützt z. B. vor schlechten Finanzgeschäften. Ein Fonds, der im ersten Jahr 20 Prozent Verlust macht und im zweiten Jahr 20 Prozent Gewinn, steht danach immer noch mit 4 Prozent in den Miesen. Nach 20 Prozent Verlust sind von 100 € noch 80 € übrig. 20 Prozent Gewinn auf 80 € ergeben allerdings nur 16 €.

Die beschriebenen Mittelwerte beantworten die Frage: Welcher Wert kann den Datensatz am besten beschreiben?

Für einen Statistiker folgt aber immer sofort die Frage: Wie gut beschreibt dieser Wert den Datensatz? Maße für die Streuung eines Merkmals geben Auskunft darüber, wie stark die einzelnen Beobachtungen um den Durchschnitt schwanken. Das einfachste Bild von der Schwankungsbreite vermittelt die *Spannweite*. Sie ist nichts anderes als der Abstand vom kleinsten zum größten Wert und beschreibt den Bereich, in dem 100 Prozent der Daten liegen. Noch viel stärker als der Mittelwert reagiert die Spannweite auf Ausreißer, weil man sie eben nur aus den extremsten Werten berechnet. Im Beispiel mit der Fließbandabteilung verdoppelt sich durch die Gehaltserhöhung des Chefs die Spannweite von 2.400 € auf 4.800 €, obwohl sich nur ein einziger Wert geändert hat.

Wer sich mehr für die Streuung der typischen Werte interessiert, der kann sich den *Interquartilsabstand* ansehen. Er misst den Abstand des unteren Quartils zum oberen Quartil, also zwischen den Werten, die je ein Viertel der Daten nach unten oben abtrennen. Die 50 Prozent der Werte in der Mitte streuen also so stark wie der Interquartilsabstand. Bei fünf Beobachtungen ist das der Abstand vom zweiten zum vierten Wert. Offensichtlich kann sich in einem solchen Fall der Chef beliebige Gehaltserhöhungen genehmigen, ohne dass der Interquartilsabstand darauf reagiert.

Beide Maße – Spannweite und Interquartilsabstand – erhält man ohne großen Rechenaufwand. Man muss die Daten nur sinnvoll ordnen können. Aber einmal spielen nur die Ausreißer eine Rolle, das andere Mal werden sie völlig ignoriert. Doch was ist mit den restlichen Daten, die möglicherweise wertvolle Informationen enthalten? Dafür braucht man eine weitere Kennzahl: die *Standardabweichung*.

Eine naheliegende Idee wäre es, die Abstände der einzelnen Datenpunkte vom Mittelwert zu messen und daraus wieder einen Durchschnitt zu bilden. Das klappt aber nicht, weil der Mittelwert genau den Schwerpunkt der Daten beschreibt. Würde man für jeden Datenpunkt ein kleines Gewicht auf den Zahlenstrahl legen, dann wäre der Zahlenstrahl genau im Gleichgewicht, wenn man ihn beim arithmetischen Mittel ausbalanciert. Deswegen heben sich die Gesamtabstände oberhalb und unterhalb des Mittelwerts gegenseitig genau auf und ergeben in der Summe Null. Ein kleiner Trick hilft: Man quadriert die Abstände, und mittelt erst dann. Das Ergebnis heißt *Varianz*, und die Wurzel aus ihr ist die Standardabweichung der Daten.

Das Wurzelziehen macht man, um das Ergebnis besser interpretieren zu können. Praktischerweise liegen bei normalverteilten Daten nämlich rund 68 Prozent im Bereich von +/– einer Standardabweichung um den Mittelwert, 95 Prozent im Bereich von +/– zwei Standardabweichungen und 99 Prozent im Bereich von +/– drei Standardabweichungen. So kann man aus nur zwei Werten – Mittelwert und Standardabweichung – ganz gut ableiten, wo sich einerseits die meisten Werte befinden und wo andererseits eher extreme Werte liegen. Das ist ein Grund, warum in vielen Studien genau diese beiden Kennzahlen angegeben sind. Der zweite Grund liegt darin, dass man auch statistische Tests und Schätzungen mit ihnen durchführen kann. Aber dazu kommen wir später.

7.3 Prozente und Risiken

Ein Prozentsatz, der sich auf eine größere Ausgangsbasis bezieht, ergibt auch einen höheren Absolutbetrag. Deswegen muss die erste Frage lauten, worauf sich die Prozent–angabe eigentlich bezieht.

Drei Prozent Fehlerquote klingen nach ziemlich wenig, aber wenn der Flughafen Frankfurt damit seine Passagierzahlen für das Jahr 2014 prognostiziert hätte, wären das +/− 1,8 Mio. Passagiere. Das entspricht ziemlich genau der Einwohnerzahl Hamburgs.

Umgekehrt können Prozentwerte sehr groß aussehen, wenn nur die Bezugsbasis klein genug gewählt wird. Im Januar 2011 hat die „Gesellschaft für Konsumforschung" untersucht, was den typischen Leser des Buches „Deutschland schafft sich ab" ausmacht. Heraus kam unter anderem, dass er die „Frankfurter Allgemeine Sonntagszeitung" zu 490 Prozent häufiger liest als der Durchschnitt. Allerdings ist der Durchschnitt geradezu winzig; laut „Informationsgemeinschaft zur Feststellung der Verbreitung von Werbeträgern" lasen damals gerade einmal 0,54 Prozent der 14- bis 85-Jährigen die FASZ. Unter den rund 200 Befragten würde man demnach einen Leser dieser Zeitung erwarten; gefunden hat man sechs. Fünf Leser Unterschied machen den ganzen Effekt von knapp 500 Prozent aus.

Die zentrale Frage bei jeder Prozentangabe ist also: „Prozent von was?" Ein *Prozent* ist bedeutungslos, es ist ein Anteil, nämlich eins von hundert. Wenn man nicht weiß, wovon es ein Anteil ist, dann verdeckt die Angabe mehr, als sie aufklärt.

Darum ist es auch wichtig, sauber zwischen Prozenten und *Prozentpunkten* zu unterscheiden. Wenn die Mehrwertsteuer von 16 auf 19 Prozent (= Prozent vom Nettopreis) erhöht wird, bekommt der Staat an Einnahmen 3 Prozentpunkte (= drei Prozent vom Nettopreis) mehr oder plus 18,75 Prozent (= Prozent von der bisherigen Mehrwertsteuer). Der Konsument gibt aber nur 2,58 Prozent (= Prozent des Bruttopreises) mehr aus, weil er statt 116 nun 119 Prozent vom Nettopreis auf den Tisch legen muss. Das gilt allerdings nur, falls er keine Lebensmittel oder Bücher einkauft, die immer noch mit sieben Prozent besteuert sind.

Sehr häufig lässt sich das Phänomen bedrohlich hoher Prozentzahlen im Zusammenhang mit Gesundheitsrisiken beobachten. Angenommen, eine fiktive Studie hätte herausgefunden, dass das Kauen von Zimtkaugummi das Risiko, an Speiseröhrenkrebs zu sterben, um durchschnittlich 25 Prozent erhöhen würde. Um einzuschätzen, was das eigentlich bedeutet, muss man in erster Linie wissen, wie wahrscheinlich man selbst an Speiseröhrenkrebs sterben wird. Deutschland verzeichnet jährlich pro 100.000 Einwohner 3 bis 6 Sterbefälle aufgrund dieser Erkrankung. Wer regelmäßig Kaugummi kaut, erhöht nach dieser Rechnung sein persönliches Risiko von 0,003 bis 0,006 Prozent um den Faktor 1,25 auf 0,00375 bis 0,0075 Prozent oder um ungefähr 0,001 Prozentpunkte. Wenn jemand behauptet, etwas sei „riskanter" oder „wahrscheinlicher", sollte man deshalb zuerst fragen, wie riskant oder wahrscheinlich es denn bisher war.

Im Zusammenhang mit Risiken spielen *bedingte Wahrscheinlichkeiten* eine entscheidende Rolle. Denn hinter den Begriffen „Letalität" und „Mortalität", die beide für Sterberisiken stehen, verbergen sich eine bedingte bzw. eine unbedingte Wahrscheinlichkeit. Demnach hat eine seltene Krankheit, die fast immer tödlich ausgeht, eine hohe Letalität (wer erkrankt, stirbt meist daran), obwohl ihre Mortalität verschwindend klein sein kann (weil fast niemand daran erkrankt).

Häufig werden Risiken unter der Prämisse „wenn es aber doch passiert" betrachtet. In Kombination mit sehr unwahrscheinlichen Ereignissen führt dies fast immer zu schlecht begründeten Entscheidungen. Niemand läuft mit einem Blitzableiter auf dem Kopf herum, um geschützt zu sein, „wenn es aber doch passiert". Doch bei neuen exotischen Krankheiten, Terroristen oder Radioaktivität überbieten sich Politiker, Medien und Bevölkerung gerne gegenseitig mit Forderungen nach „Blitzableitern".

Rechnerisch einfach, aber gedanklich herausfordernd ist die Umkehrung von bedingten Wahrscheinlichkeiten. Diese geschieht teils durch Unwissen, teils in voller Absicht, aber selten korrekt. Ist die Wahrscheinlichkeit hoch, dass Terroristen Muslime sind, so wird von gewissen Politikern suggeriert, dass Muslime mit hoher Wahrscheinlichkeit Terroristen seien. Haben viele jugendliche Amokläufer vorher „Killerspiele" gespielt, so müssten Killerspiele zum Amoklauf verführen, und wurden autistische Kinder gegen Masern geimpft, so gilt manchen intuitiv die Impfung als Auslöser der Erkrankung.

Wahrscheinlichkeiten lassen sich durchaus manipulationsfrei „verdrehen". Die Methode dafür ist benannt nach dem englischen Statistiker und Philosophen Thomas Bayes, der sie im 18. Jahrhundert entwickelte. Im Fall von zwei Ereignissen A und B sind $P(A)$ die Wahrscheinlichkeit, dass

A eintritt, *P*(*B*) die Wahrscheinlichkeit, dass *B* eintritt, und *P*(*A*|*B*) die Wahrscheinlichkeit von *A*, wenn bekannt ist, dass *B* eingetreten ist. Der Satz von Bayes besagt nun, dass sich die Wahrscheinlichkeit von *B*, bedingt auf das Vorhandensein von *A*, damit folgendermaßen berechnen lässt:

$$P(B \mid A) = P(A \mid B) * \frac{P(B)}{P(A)}$$

Sind die bedingten Wahrscheinlichkeiten von *A* und *B* ähnlich, dann ist in der Tat

$$P(B \mid A) \approx P(A \mid B).$$

Sind sie aber sehr unterschiedlich – potenzielle Terroristen im Vergleich zur Gesamtzahl der Muslime – so unterscheiden sich auch die bedingten Wahrscheinlichkeiten dramatisch.

Dies gilt ebenso bei seltenen Krankheiten. Angenommen, zehn von 100 Menschen leiden an der fiktiven Krankheit „ABS". Ein neuer Test zur Früherkennung dieser Krankheit identifiziert einen Kranken mit 90 Prozent Wahrscheinlichkeit und schlägt bei 10 Prozent der Nichterkrankten Alarm. Die 90 Prozent richtigen Positivergebnisse unter den Kranken nennt man die Sensitivität eines Tests, während die 90 Prozent richtigen Negativergebnisse bei den Gesunden auch Spezifität genannt werden. Beides ist in Abb. 7.1 veranschaulicht.

Die Wahrscheinlichkeit für ein korrekt positives Testergebnis ist dann gegeben durch:

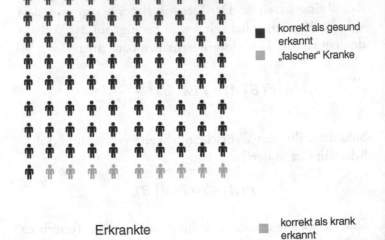

Abb. 7.1 (Falsch) positive und (falsch) negative Diagnosen bei seltenen Krankheiten

$$P(krank \mid positiv) = P(positiv \mid krank) * \frac{P(krank)}{P(positiv)}$$

Im Schaubild erkennt man sofort, dass nur jede zweite positiv auf ABS getestete Person wirklich krank ist. Denn ein kleiner Anteil positiv getesteter Personen in einer riesigen gesunden Bevölkerungsgruppe kann einen großen Anteil positiv Getesteter aus einer winzigen erkrankten Bevölkerungsgruppe womöglich deutlich übertreffen.

Dies ist insbesondere relevant, wenn die Behandlung von ABS selbst gesundheitsschädlich oder sehr teuer ist, was zu

Tab. 7.1 Zahlen zum Mammographie-Screening, Werte bezogen auf je 1.000 Frauen und 10 Jahre

	Verhinderte Todesfälle	Falsch positive Befunde	Davon operiert
Weymayr 2010	2,5	125	25
Marmot 2012	2,2	k.A.	k.A.
Goetzsche 2010	0,5	100	k.A.
Paci 2012	4,5	100	15

einem zentralen Kritikpunkt an Massen-Screenings führt. Tabelle 7.1 stellt die Zahlen verschiedener Studien zu Nutzen und Risiken des Mammographie-Screenings einander gegenüber.

Bis zu 50-mal mehr falsch positive Befunde als verhinderte Todesfälle und bis zu 10-mal mehr unnötige Operationen bedeuten erhebliche Belastungen für die betroffenen Frauen. Die Entscheidung für ein Screening muss jede Frau für sich selbst treffen, aber dazu braucht es Ärzte, die solche Statistiken verstehen. Laut dem Pro-Familia-Rundbrief, dem die Zahlen entstammen, tut das nur eine Minderheit.

7.4 Der Zentrale Grenzwertsatz

Eine der schönsten Erkenntnisse der Mathematik ist der *Zentrale Grenzwertsatz*, der zur berühmten *Gauß'schen Glockenkurve* führt.

Abbildung 7.2 zeigt links oben die Verteilung der Ergebnisse eines Münzwurfes. Kopf und Zahl treten gleich oft auf, dies stellt die beiden Spitzen dar. Zählt man aber bei

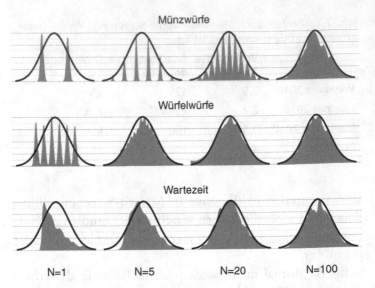

Abb. 7.2 Normalverteilung als Grenzverteilung verschiedener Verteilungen

fünf Würfen, wie oft Kopf auftritt, passiert etwas Interessantes, im Diagramm rechts daneben zu sehen. Zwei oder drei Köpfe treten häufiger auf als keiner oder einer – dies leuchtet mit ein bisschen Kombinatorik auch ein. Die Häufigkeiten folgen aber nicht einer Geraden, sondern einer seltsam geschwungenen Linie. Mit höherer Anzahl der Würfe wird dies immer deutlicher. Bei 100 Werten ist bereits eine sehr gute Näherung an die Glockenkurve erreicht. Ebenso gilt das bei Würfelwürfen oder bei Wartezeiten, die durch eine Exponentialverteilung beschrieben werden.

Dank des Zentralen Grenzwertsatzes ist es in vielen Fällen möglich, etwas über das Verhalten von Daten zu sagen, selbst wenn die exakte Verteilung – anders als bei Würfelwürfen – nicht bekannt ist. Seien es Größen von Menschen, Wachstumsraten oder das Gewicht von Froschschenkeln, die Normalverteilung ist fast überall und ermöglicht tiefgreifende Erkenntnisse, auch aus limitierten Daten.

Dumm ist nur, dass vor lauter Euphorie oft das „fast" vergessen wird. Aber dazu später mehr.

Der Zentrale Grenzwertsatz funktioniert in der Realität sehr häufig, sofern die Fallzahlen groß genug sind. Dieses Thema zieht sich durch die gesamte Statistik. Diese ist die Lehre von den zugrunde liegenden Zusammenhängen, die offenbar werden, wenn anstelle von Einzelnen große Gruppen als Ganzes betrachtet werden. Mathematisch drückt sich dies im *Starken Gesetz der Großen Zahlen* aus. Es stellt das Bindeglied zwischen empirischen und theoretischen Größen dar.

Wirft man einen Würfel, so ist das einzelne Ergebnis nicht vorherzusehen, aber die „beste" Vorhersage ist 3,5. Obwohl kein Würfel jemals eine 3,5 zeigen wird, ist dies nämlich der Wert, von dem sich das tatsächliche Ergebnis im Mittel am wenigsten entfernen wird: der sogenannte *Erwartungswert*. Wirft man nun viele Würfel hintereinander und bildet den Mittelwert, so nähert sich dieser immer weiter dem Erwartungswert 3,5 an; Statistiker sagen dazu, er „konvergiert". Abbildung 7.3 zeigt einen (simulierten) Praxisversuch. 20 Personen werfen jeweils 200 Würfel, einen nach dem anderen. Die Mittelwerte von allen konvergieren gegen den Erwartungswert 3,5.

Deswegen können Demoskopen mit nur 1.000 Befragten das Wahlverhalten der Deutschen auf 3 Prozent genau vorhersagen, obwohl es 80 Mio. Bürger gibt – zumindest könnten sie es, wenn es nicht so schwer wäre, eine reprä-

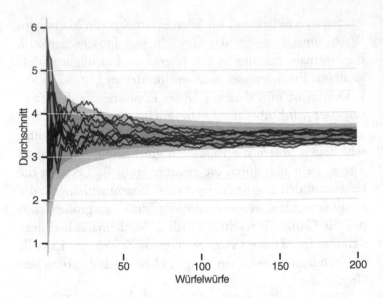

Abb. 7.3 Konvergenz der durchschnittlichen Augensumme von Würfelwürfen gegen den Erwartungswert 3,5

sentative Stichprobe zu ziehen. Die Präzision der Vorhersage hängt nur von der Größe der Stichprobe ab, nicht von der Größe der Grundgesamtheit. Ob das Wahlvolk 10.000 oder 1 Mio. oder 1 Mrd. Menschen umfasst, spielt keine Rolle.

Die Kombination aus Starkem Gesetz der Großen Zahlen und Zentralem Grenzwertsatz erlaubt es, das Verhalten von größeren Stichproben gut vorherzusagen. Dies erlaubt es, Aussagen zu treffen wie „mit 95-prozentiger Wahrscheinlichkeit stammt die DNA vom Verdächtigen". Solche Aussagen trifft man mit Hilfe statistischer Tests.

Bedauerlicherweise werden die Methoden aber auch angewandt, wenn die Stichprobe nicht 1.000 Deutsche, sondern beispielsweise nur 18 Psychologiestudenten umfasst. Bei solch kleinen Stichproben werden Schwächen in den Grundannahmen hinsichtlich Verteilung oder Repräsentativität verstärkt, denn ob Mobiltelefone eher depressiv machen oder gegen Depressivität helfen, hängt dann von einer Handvoll Personen ab. Und weil es viel leichter ist, eine Studie mit 20 als eine mit 2.000 Personen durchzuführen, gibt es in wissenschaftlichen Zeitschriften relativ viele Studien mit wenigen Teilnehmern. So führt das Publikations-Bias zu einem verzerrten Bild der Realität.

7.5 Testen und Schätzen

Statistische Tests, auch *Signifikanztests* genannt, verwenden formale Regeln, wie man Vermutungen anhand von Daten prüft. Die „Vermutung" nennt sich Forschungshypothese oder *Alternativhypothese*, und ihr Komplement ist die *Nullhypothese*. Dabei darf man die Vermutung nicht auf Basis derselben Daten aufstellen und zugleich testen.

Man stellt also anhand theoretischer Erwägungen, alter Daten oder eines Teils der Daten eine Forschungshypothese auf. In einem zweiten Schritt sind dann geeignete Daten zur Prüfung dieser Hypothese durch Experimente zu erzeugen oder durch Beobachtungen zu erheben.

Signifikant bedeutet in der Statistik, anders als im Alltagsgebrauch, dass eine Beobachtung nur mit sehr geringer Wahrscheinlichkeit auftritt, wenn die Nullhypothese stimmt. Man einigt sich in der Regel darauf, dass Wahrscheinlichkeiten von fünf Prozent oder darunter ausreichen, um den Zufall als Verursacher auszuschließen.

Um die Wahrscheinlichkeit, dass eine Beobachtung durch Zufall auftritt, zu berechnen, benötigt man Tests. Die oft genutzten *parametrischen Tests* haben Voraussetzungen, die in den wenigsten Fällen erfüllt sind. Eine dieser Voraussetzungen ist, dass die Daten bei Gültigkeit der Nullhypothese einer ganz bestimmten Verteilung folgen, meist der Normalverteilung. Dann lässt sich einfach berechnen, was ein „normales" Verhalten normalverteilter Daten ist, also in welchen Wertebereichen sie üblicherweise auftreten.

Wenn Beobachtungen dort liegen, wo sie gemäß der Normalverteilungskurve eigentlich selten zu finden sein sollten, geht man davon aus, dass sie wohl kaum durch Zufall entstanden sein können, und schließt daraus, dass die Annahme „die Nullhypothese stimmt" falsch war. Es kann mehr oder weniger schlimm sein, wenn Voraussetzungen von Tests nicht erfüllt sind, und es empfiehlt sich sehr, im Zweifelsfall einen Statistik-Experten zu konsultieren. Allerdings ist es ein gutes Zeichen, wenn Forscher an irgendeiner Stelle ihrer Studie erwähnen, dass sie beispielsweise die Daten auf Normalverteilung geprüft haben.

Die Nullhypothese beschreibt meist die alte, unspektakuläre Annahme „alles Zufall": Das neue Medikament wirkt nicht, es besteht kein Zusammenhang zwischen Geschlecht und Kaufverhalten oder irgendwelchen anderen Größenpaaren. Davon gehen alle weiteren Signifikanztests zunächst aus. Die Alternativhypothese steht für eine neue Vermutung: Etwas anderes als der Zufall ist für ein beobachtetes Muster, etwa die höhere Heilungsrate mit dem neuen Medikament, verantwortlich.

Statistische Tests können eine Nullhypothese nicht bestätigen. Sie führen nur zu der Entscheidung, ob diese anhand der vorliegenden Daten abzulehnen ist. Falls ja, so nimmt man die Alternativhypothese als zutreffend an. Falls nein, so bedeutet das nicht, dass die Nullhypothese zutrifft, sondern nur, dass die Daten nicht ausreichend gegen sie sprechen. Es ist wie vor Gericht: in dubio pro reo, hier also: im Zweifel für die Nullhypothese.

Allerdings macht man gelegentlich Fehler. Man hat nur zufällig ausgewählte Probanden zur Verfügung und kann nicht alle untersuchen. Möglicherweise hat man eine besonders günstige oder besonders ungünstige Stichprobe gezogen, in der der Zufall gerade ganz außerordentliche Kapriolen schlägt. Es gibt zwei Dinge, die schief gehen können. Entweder entscheidet man sich für die Alternativhypothese, obwohl sie nicht stimmt. Das nennt man den *Fehler 1. Art* oder *α-Fehler*. α, die Größe dieses Fehlers, möchte man kontrollieren und schränkt ihn meist auf die schon erwähnten fünf Prozent ein. Diese fünf Prozent heißen dann das *Signifikanzniveau* oder die *Irrtumswahrscheinlichkeit*. $1 - \alpha$ ist die Wahrscheinlichkeit, dass der Test keinen α-Fehler begeht, und wird auch die *Sicherheitswahrscheinlichkeit* genannt.

Die zweite Möglichkeit wäre, dass man sich irrtümlich für die Nullhypothese entscheidet, obwohl die Alternativhypothese wahr wäre. Dieser Fehler heißt *β-Fehler* oder *Fehler 2. Art* und seine Größe β kann ziemlich schlecht kontrolliert werden. In Extremfällen liegt der β-Fehler fast schon bei 100 Prozent, was bedeutet, dass der statistische Test einen Zusammenhang oder Unterschied in den Daten so gut wie nie finden kann. Die Wahrscheinlichkeit $1 - \beta$, dass ein Test keinen β-Fehler aufweist, dass er also einen vermuteten Effekt tatsächlich entdeckt, nennt man *Test-*

Tab. 7.2 Übersicht über die Fehlerarten statistischer Tests

| | | In der Population gilt („ist wahr"): | |
		Nullhypothese	Alternativ-hypothese
Entschei-dung auf-grund der Stichproben-daten	Für Null-hypothese	Korrekt $1 - \alpha$ Sicherheitswahr-scheinlichkeit	β-Fehler Fehler 2. Art
	Für Alter-native	α-Fehler Fehler 1. Art Irrtumswahr-scheinlichkeit	Korrekt $1 - \beta$ Teststärke Power

stärke oder *Power*. Wie die Fehlerarten zusammenhängen, verdeutlicht Tab. 7.2.

Je weniger Daten man aber hat, umso großzügiger muss man sein bei der Festlegung, was der Zufall alles noch pro-duzieren kann. Bei kleinen Stichproben lassen sich deshalb selbst große Effekte häufig nicht nachweisen, während bei großen Stichproben schon extrem kleine Effekte signifi-kant werden, ohne dass sie praktisch relevant sein müssen. Ein gezinkter Würfel lässt sich eben anhand eines einzel-nen Wurfs nie nachweisen, selbst wenn eine deutliche Ab-weichung besteht. Mit einer Million Würfen könnte man selbst mikroskopische Abweichungen feststellen, die in der Praxis völlig irrelevant sind, jedoch aus statistischer Sicht nicht durch Zufall zu erklären und deshalb signifikant sind.

Welche Ergebnisse relevant sind, kann jedoch nicht durch die Statistik geklärt werden, sondern muss anhand des konkreten Sachverhalts entschieden werden.

Nun könnten beispielsweise Wissenschaftler untersuchen wollen, ob sich Frauen und Männer hinsichtlich ihrer Einpark-Fähigkeiten unterscheiden. Zu diesem Zweck wird für genau definierte Autos, Parklücken und Ausgangssituationen die Zeit gemessen, die männliche und weibliche Versuchspersonen jeweils für einen vollständigen Einparkvorgang benötigen. (Es ist selbstverständlich auch vorab zu definieren, wann das Auto als vollständig eingeparkt gilt.) Unterstellt man, dass die Einparkzeiten einer Normalverteilung folgen und die Bandbreite der Einparkzeiten bei beiden Geschlechtern vergleichbar ist, so kann ein *t-Test für unverbundene Stichproben* die Eingangsfrage beantworten. Die Nullhypothese lautet: „Es gibt keinen Unterschied in der Einparkdauer von Männern und Frauen." Die Alternativhypothese lautet: „Es gibt einen Unterschied in der Einparkdauer von Männern und Frauen."

Angenommen, es werden jeweils zehn Männer und Frauen beobachtet. Dummerweise ist der Unterschied in den durchschnittlichen Einparkdauern gerade so groß, dass er mit einer Wahrscheinlichkeit von 9,9 Prozent noch durch Zufall zustande gekommen sein kann. Die Forschungsleiter haben nun drei Möglichkeiten. Erstens könnten sie ihre Irrtumswahrscheinlichkeit im Nachhinein auf 10 Prozent erhöhen. Das fällt aber konkurrierenden Wissenschaftlern normalerweise sofort auf und kommt deshalb in der Praxis kaum vor – höchstens bei Diplom-, Master- oder Doktorarbeiten, deren Betreuer selbst wenig empirisch arbeiten oder sich nicht für das Ergebnis interessieren.

Zweitens könnte man jeweils vier Männer und Frauen mehr einparken lassen und darauf hoffen, dass diese einen ähnlich großen Unterschied aufweisen wie die schon untersuchten Personen. Allein aufgrund der größeren Stichprobe wäre unter sonst gleichen Bedingungen das Ergebnis dann signifikant; die Wahrscheinlichkeit für Zufall reduziert sich auf rund 4,6 Prozent.

In sorgfältig durchgeführten Studien werden Statistiker deshalb schon für die Stichprobenplanung um Rat gefragt. Oft hat das finanzielle oder auch ethische Gründe. In Tierversuchen sollen nicht mehr Mäuse getötet werden, als unbedingt notwendig ist, um herauszufinden, was eine neue Substanz taugt. Labormäuse sind Lebewesen, an denen man nicht nach Lust und Laune herumexperimentieren darf, und jeder einzelne Versuch kostet Zeit und Geld.

Genauso schlimm wäre es, eine Studie durchzuführen, bei der am Ende nur deshalb kein verwertbares Ergebnis herauskommt, weil man zu wenige Mäuse untersucht hat. Dann wären all diese Mäuse im wahrsten Sinne des Wortes umsonst gestorben. Für eine statistische Stichprobenplanung berechnet man deshalb, wie viele Mäuse man braucht, wenn man von einer bestimmten Größenordnung der Wirkung ausgeht und diese Wirkung dann mit einer gegebenen Teststärke (meist 80 Prozent) und einer gegebenen Irrtumswahrscheinlichkeit (meist 5 Prozent) nachweisen will. Sie dient dem Zweck, eine gute Stichprobengröße zu bestimmen, die eine Balance herstellt zwischen dem einen Problem, dass man wegen zu weniger Daten nichts Signifikantes findet, und dem anderen, dass wegen zu vieler Daten auch irrelevante Effekte als statistisch bedeutsam erscheinen.

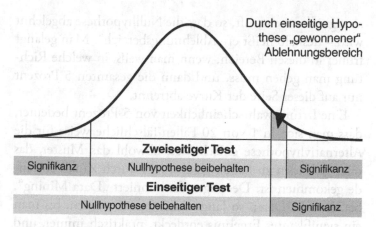

Durch einseitige Hypothese „gewonnener" Ablehnungsbereich

Zweiseitiger Test

| Signifikanz | Nullhypothese beibehalten | Signifikanz |

Einseitiger Test

| Nullhypothese beibehalten | Signifikanz |

Abb. 7.4 Einseitiges und zweiseitiges Testen

Falls das Budget für eine Erhöhung der Stichprobenzahl aber nicht reicht, könnten die Wissenschaftler auch ihre Hypothese ein wenig umformulieren und eine Richtung einbauen. Stellen sie also fest, dass die Frauen durchschnittlich schneller einparken konnten als die Männer, so testen sie einfach nicht mehr die Hypothese „Es gibt einen Unterschied in der Einparkdauer von Männern und Frauen", sondern ersetzen sie durch die Hypothese „Die Einparkdauer von Frauen ist kürzer als die von Männern". Schon reduziert sich die Wahrscheinlichkeit dafür, dass der beobachtete Unterschied durch Zufall zustande kommt, auf die Hälfte, 4,95 Prozent, und ist signifikant.

Abbildung 7.4 zeigt den Unterschied zwischen zweiseitigem und einseitigem Testen. Der „Normalbereich" des Zufalls ist hellgrau markiert. Der dunkelgrau markierte Bereich trennt insgesamt 5 Prozent der Fläche unter der Kurve ab und zeigt an, wo Ergebnisse liegen, die ein Test als signifikant einstuft, so dass die Nullhypothese abgelehnt wird – deshalb heißt er „Ablehnungsbereich". Man gelangt früher in diesen Bereich, wenn man weiß, in welche Richtung man gehen muss, und dann die gesamten 5 Prozent nur auf dieser Seite der Kurve abtrennt.

Eine Irrtumswahrscheinlichkeit von 5 Prozent bedeutet, dass man sich in 1 von 20 Fällen fälschlicherweise für die Alternativhypothese entscheidet, obwohl das Muster, das man gefunden zu haben glaubt, rein durch Zufall zustande gekommen ist. Deswegen funktioniert „Data Mining", bei dem die Daten so lange durchforstet werden, bis man ein signifikantes Ergebnis entdeckt, praktisch immer, und genau deshalb ist es so wichtig, die Hypothesen zu formulieren, bevor man sich die Daten ansieht.

Die Wahrscheinlichkeit, dass ein signifikantes Ergebnis auch wirklich signifikant ist, entspricht der Wahrscheinlichkeit, auf einem 20-seitigen Würfel keine Eins zu werfen. Dies klingt zunächst beruhigend. Wenn aber nicht nur ein Würfel geworfen wird, sondern 100 – entweder weil 100 Wissenschaftler jeweils eine Hypothese testen, oder ein (skrupelloser oder unwissender) Wissenschaftler 100 – dann ist es auf einmal sehr wahrscheinlich, dass dabei irrtümlich Ergebnisse als signifikant deklariert werden. Statistiker sprechen vom Problem des *multiplen Testens*. Bei diesem droht ein beliebter Kunstfehler, wenn man die Möglichkeit der so harmlos klingenden α-*Fehler-Kumulierung* übersieht.

Der α-Fehler besteht eben darin, eine korrekte Nullhypothese zu Unrecht zu verwerfen. Seine Wahrscheinlichkeit dafür ist bei einem einzelnen Test begrenzt durch das Signifikanzniveau α, also durch die vorab festgelegte Irrtumswahrscheinlichkeit. Bei mehreren Tests kann nun die kumulierte Irrtumswahrscheinlichkeit, dass mindestens ein Test die Nullhypothese zu Unrecht ablehnt, sehr groß werden, selbst wenn die einzelnen Signifikanzniveaus eingehalten werden. Im Klartext bedeutet das: Man irrt sich fast sicher mindestens einmal. Denn die α-Fehler können sich durch die schiere Anzahl der Tests auftürmen wie die so hübsch aussehenden Kumuluswolken (kumuliert = aufgehäuft), und wie diese sind sie ein Indiz dafür, dass es ein Gewitter geben wird.

Man kann sich einen statistischen Test hilfsweise mit einem Blick durch ein Fenster auf die Alternativhypothese vorstellen. Je sauberer das Fenster ist, desto klarer (und „wahrer") erscheint die Alternativhypothese. Man akzeptiert, dass man aufgrund von 5 Prozent Schmutz und Schlieren einen Teil der Wahrheit nicht sehen kann, aber das ist für Statistiker noch „deutlich genug". Liegen allerdings mehrere solche nicht ganz perfekt geputzter Fensterscheiben übereinander, wie es im Fall des multiplen Testens geschieht, so mag jede einzelne davon weniger als 5 Prozent Verschmutzung aufweisen. Am Ende sieht man trotzdem nicht mehr hindurch, weil sich die Wirkungen der Schmutzschichten kumulieren. Die einzige Abhilfe ist, für jedes Fenster entsprechend mehr Sauberkeit und weniger Irrtumswahrscheinlichkeit anzustreben, damit in Summe nur 5 Prozent „Undurchsichtigkeit" bleiben.

Zur Kontrolle der kumulierten α-Fehler haben Statistiker mehrere Korrekturmethoden entwickelt. Eine Formulierung wie „Adjustierung nach Bonferroni" deutet auf eine dieser Methoden hin, und es spricht für die Qualität einer Studie, wenn sie sich um mögliche Trugschlüsse in multiplen Testsituationen kümmert.

Den am häufigsten verwendeten Tests liegt eine Verteilungsannahme zugrunde. Man geht also davon aus zu wissen, wie sich die Daten verhalten. Dies gilt nicht nur für einfache Gruppenvergleiche, sondern trifft auch auf die aufwendigeren Modelle zu. In den meisten Modellen ist das die Normalverteilung, da sie aufgrund des Zentralen Grenzwertsatzes in der Natur sehr häufig auftritt – aber leider nicht immer.

Die Finanzkrise 2008 wurde unter anderem begünstigt durch die Angewohnheit, Wahrscheinlichkeiten von extremen Ereignissen mit einer Normalverteilung zu modellieren. Als Folge davon wurden Ausfallrisiken in Höhe und Wahrscheinlichkeit dramatisch unterschätzt.

Dabei nahm man an, dass verschiedene ungünstige Umstände unabhängig voneinander auftreten würden. Man kann sich das ein bisschen wie einen Münzwurf über das Eintreten eines jeden Ereignisses vorstellen. Und Summen von Münzwürfen sind, wie oben gezeigt, selbst wieder normalverteilt, also ist auch das Gesamtrisiko normalverteilt. In der Realität kommt aber ein Unglück selten allein. Ein großer Ausfall bringt eine Bank in Schieflage, diese muss ihre eigenen Vermögenswerte zu Geld machen, das lässt die Preise fallen, was wiederum andere in Schwierigkeiten bringt, die daraufhin Kredite nicht bedienen können, und so weiter und so fort.

Am Ende treten Ereignisse, die durch ein Normalverteilungsmodell mit einer Auftretenshäufigkeit von einmal alle 1.000 Jahre als beruhigend unwahrscheinlich eingestuft wurden, plötzlich einmal in 50 Jahren auf, und wenn eines eintritt, dann folgen weitere in kurzer Folge.

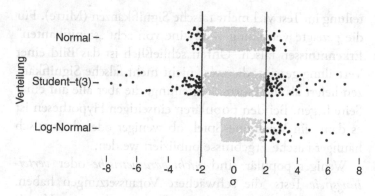

Abb. 7.5 Falsche Signifikanz bei verletzter Verteilungsannahme

Dies betrifft nicht nur den Finanzsektor. „Signifikant" heißt beim üblichen Niveau von 5 Prozent, dass das beobachtete Ereignis in 1 von 20 Fällen durch bloßen Zufall zustande kommen würde. Trifft jedoch die Verteilungsannahme nicht zu, so kann dies völlig falsch sein.

Abbildung 7.5 zeigt das Resultat. Bei 1.000 Tests von unbegründeten Hypothesen würde man 50 falsch signifikante Ergebnisse erwarten, ein Problem, das im Abschnitt zur α-Fehler-Kumulierung beschrieben wurde. Bei normalverteilten Daten (oben) tritt dies auch – nahezu exakt – ein. Denn dort fallen 95 Prozent der Beobachtungen in den Bereich des Mittelwerts plus/minus 2 Standardabweichungen (σ = sigma). Es genügt also, Mittelwert und Standardabweichung zu berechnen, um den Ablehnungsbereich eines statistischen Tests zu bestimmen.

Liegen jedoch Daten mit anderer Verteilung vor, schlimmstenfalls mit einer Neigung zu extremen Ergebnissen, so finden sich bei der Annahme einer Normalverteilung im Test viel mehr falsche Signifikanzen (Mitte). Für die gezeigte Verteilung wäre eine von acht „signifikanten" Erkenntnissen falsch. Unten schließlich ist das Bild einer Verteilung gezeigt, die zwar nicht mehr falsche Signifikanzen liefert als die Normalverteilung, die aber alle auf einer Seite liegen. Bei den populären einseitigen Hypothesen ist es dann ein Vabanque-Spiel, ob weniger oder dramatisch häufiger falsche Ergebnisse publiziert werden.

Weniger populär sind *nicht-parametrische* oder *verteilungsfreie* Tests, die schwächere Voraussetzungen haben. Wer sorgfältig arbeitet, überprüft also zuerst seine Verteilungsannahme und wählt dann den passenden Test.

7.6 Konfidenzintervalle

Ein *Konfidenzintervall* (KI) ist ein Bereich, in dem ein unbekannter Wert mit einer bestimmten Sicherheit, meist 95 Prozent, vermutet wird. Hat also die CDU bei der Sonntagsfrage ein Ergebnis von „41 % ±3 % (95 %-KI)", so heißt dies: In 95 von 100 Fällen würde man erwarten, dass die wahre Zustimmung zwischen 38 Prozent und 44 Prozent liegt. (Man beachte, dass sowohl Prozent als auch Prozentpunkte mit dem %-Zeichen dargestellt sind, was im Alltag üblich, aber irreführend ist.)

Abbildung 7.6 zeigt Konfidenzintervalle bei 100 normalverteilten Stichproben. Bei 95 der 100 Stichproben überdeckt das Konfidenzintervall (hellgraue Linien) den echten Erwartungswert 0 (graue Horizontale). In 5 Fällen (schwarze Linien) tut es das nicht.

Bei Regressions- und Zeitreihenmodellen interessiert man sich nicht mehr für einen einzelnen Schätzpunkt,

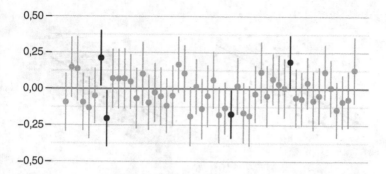

Abb. 7.6 Konfidenzintervalle bei 100 normalverteilten Stichproben

etwa den Stimmenanteil einer Partei bei den kommenden Wahlen, sondern für eine ganze Reihe von Punkten. Hier spricht man nicht mehr vom Konfidenzintervall, sondern vom *Konfidenzband*. Ein Konfidenzband ist allerdings kein *Vorhersageband*, genauso wenig wie ein Konfidenzintervall ein *Vorhersageintervall* ist. Das wird aber oft unterschlagen und kann dann zu völlig falschen Schlussfolgerungen führen.

Links in Abbildung 7.7 ist ein 95-Prozent-Konfidenzband grau eingezeichnet. In 95 von 100 Fällen wird die wahre Linie, die das gemeinsame Verhalten der x- und der y-Werte im Mittel beschreibt, durch diesen Bereich verlaufen. Rechts hingegen ist das wesentlich weitere Vorhersageband gezeigt. 95 Prozent der tatsächlich beobachteten Daten werden in diesem Bereich erwartet.

Man kann sich das so vorstellen: Wenn man in einem Diagramm Körpergröße und Gewicht von 10.000 Menschen einzeichnet, dann gibt es zu jeder Körpergröße eine Vielzahl verschiedener Körpergewichte. Das Konfidenzband beschreibt dann für jede Körpergröße, wo sich das

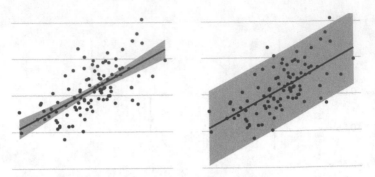

Abb. 7.7   Unterschied zwischen einem Konfidenzband (links) und einem Vorhersageband (rechts)

dazu gehörige erwartete, also durchschnittliche Gewicht mit 95 Prozent Konfidenz befindet. Das Vorhersageband markiert hingegen den Bereich, in dem 95 Prozent aller beobachteten Gewichte liegen. Selbstverständlich ist dieser Bereich erheblich größer.

Da Vorhersagebänder immer deutlich breiter sind, werden gerne Konfidenzbänder verwendet, und dann wird so getan, als sagten diese die Lage von weiteren Messwerten oder zukünftigen Ereignissen vorher, was sie aber nicht tun. Sie beschreiben nur die wahre Lage des Modells. Geht es hingegen darum, einen neuen Einzelwert vorherzusagen, so ist das Konfidenzband die korrekte Visualisierung.

7.7 Zusammenhangsanalysen

Anders als beim Mittelwert oder bei der Varianz geht es bei den Zusammenhangsanalysen nicht mehr um ein Merkmal und dessen optimale Beschreibung. Stattdessen liegen mehrere Merkmale vor, und wie diese interagieren, ist oft interessanter als die Details eines einzelnen.

Klassischerweise werden Zusammenhänge ordinaler oder metrischer Merkmale mittels der *Korrelation* gemessen. Der Begriff umfasst eine ganze Reihe von unterschiedlichen Verfahren; ihnen gemein ist, dass zwei Merkmale positiv korreliert heißen, wenn höhere Werte des einen tendenziell mit höheren Werten des anderen einhergehen, so wie eine längere Ausbildungszeit mit höheren Gehältern. Negativ korreliert sind sie, wenn ein höherer Wert des einen mit niedrigeren des anderen zusammenfällt, etwa der Zigarettenkonsum pro Tag und die Lebenserwartung.

Korrelationsmaße sind immer auf den Wertebereich von -1 bis 1 normiert. Eine Korrelation von 0 bedeutet, dass – im Sinne des Maßes – kein Zusammenhang zwischen den Merkmalen besteht. Beim Wert 1 liegt eine perfekte positive Korrelation vor, beim Wert -1 eine negative.

Wie in Abb. 7.8 zu sehen, bedeutet ein Wert von 0 nicht, dass kein Zusammenhang besteht. Im Feld unten links hängen die Werte der beiden Variablen offensichtlich (und zwar quadratisch) voneinander ab. Ein Wert von 0 bedeutet nur, dass kein linearer Zusammenhang zwischen den beiden Variablen besteht.

Für nominale Daten existieren spezielle Zusammenhangsmaße, die in enger Beziehung zur bedingten Wahrscheinlichkeit stehen. Begriffe wie „Chancenverhältnis", „Kontingenzmaß" oder „Chi-Quadrat" sind kennzeichnend dafür, dass es um Zusammenhänge von Merkmalen geht, die in Kategorien erfasst sind. Diese Maße sind aber nicht notwendigerweise normiert, so dass man sie oft nur zusammen mit einem statistischen Test vernünftig interpretieren kann.

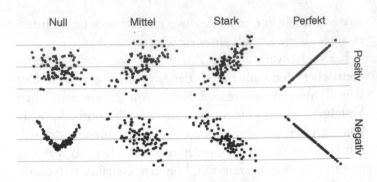

Abb. 7.8 Verschiedene Ausprägungen von Korrelationen

Doch gleichgültig, welches Maß aus den Daten berechnet wird: Korrelation und Kausalität sind zwei paar Stiefel. Aus statistischer Sicht ist Kausalität sehr schwer zu beweisen. Man kann nur versuchen, Alternative um Alternative auszuschließen, bis ein Kausalzusammenhang die einzig denkbare Erklärung bleibt. Dies ist jedoch oft extrem aufwendig, und wird in der Praxis gerne unterlassen, besonders im Gesundheitsbereich. Dort liegt meist eine Vielzahl von Einflussfaktoren vor, die Stärke der meisten untersuchten Effekte ist schwach, zeigt sich erst nach Jahren, braucht aufwendige Untersuchungen zur Bestimmung, und die Testteilnehmer müssen sich an streng vorgegebene Essens- oder Verhaltenspläne halten und diese dokumentieren. Große Teilnehmerzahlen können schwache Effekte leichter nachweisbar machen, sind aber oft nicht finanzierbar.

Wie kleine Stichproben in die Irre führen können, verdeutlicht Abb. 7.9 anhand von jeweils 1000 simulierter Stichproben verschiedener Umfänge für den grau eingezeichneten, schwach positiven wahren Zusammenhang.

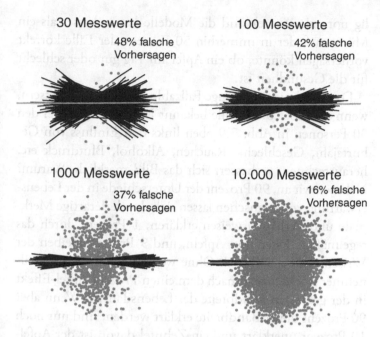

Abb. 7.9 Treffsicherheit geschätzter Zusammenhänge (schwarz) bei unterschiedlich großen Stichproben und einer Einflussstärke von 1 % (grau)

Eine falsche Vorhersage liegt vor, wenn das Modell anhand der jeweiligen zufälligen Stichprobe einen negativen Zusammenhang vorhersagt. Bei kleinen Effekten und kleinen Umfängen kommt es ziemlich oft vor, dass man eine derart ungünstige Stichprobe zieht, in der sich der wahre Zusammenhang sogar umkehrt.

Bei einer Einflussstärke von 1 Prozent (dies wäre für die Wirkung von einem Apfel am Tag auf die Lebenserwartung ein durchaus realistischer Wert) und 30 bzw. 100 Teilnehmern (bei ernährungswissenschaftlichen Studien völlig normale Werte) sind die Modelle kaum besser als ein Münzwurf, der in immerhin 50 Prozent der Fälle korrekt vorhersagen könnte, ob ein Apfel am Tag gut oder schlecht für die Gesundheit ist.

Das Ergebnis für geringe Fallzahlen lässt sich verbessern, wenn viel über diese Fälle bekannt ist. Kann man bei den 30 Personen in Abb. 7.9 oben links den Einfluss von Geburtsjahr, Geschlecht, Rauchen, Alkohol, Blutdruck etc. herausrechnen, verbessert sich das Bild merklich. Warum? Nehmen wir an, 90 Prozent der Unterschiede in der Lebenserwartung von Menschen lassen sich durch derartige Merkmale und Verhaltensweisen erklären, 1 Prozent durch das regelmäßige Essen von Äpfeln, und 9 Prozent bleiben der Wissenschaft ein Rätsel. Ohne weitere Kenntnis der Teilnehmer stochert man nach dem einen Prozent Apfel-Effekt in der gesamten Bandbreite der Lebensdauern. Wenn aber 90 Prozent dieser Bandbreite erklärt werden, sind nur noch 10 Prozent unerklärt und ein Zehntel davon ist der Apfel-Effekt. Relativ gesehen ist er also zehnmal so groß und deshalb viel leichter zu entdecken. Das ist das Geheimnis der *Varianzanalyse* oder *ANOVA*, von der in wissenschaftlichen Studien häufig die Rede ist.

7.8 Regressionen und komplexere Modelle

Die Kunst, die optimale Linie durch eine Wolke von Punkten zu zeichnen, nennt sich *Regression*. In ihrer einfachsten Form liefert sie eine Gerade durch ein Punktdiagramm und

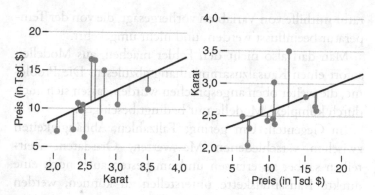

Abb. 7.10 Lineare Regression bei Größen und Preisen von Diamanten

nennt sich deshalb „lineare Einfachregression". Jede Regression versucht, eine Zielgröße durch eine oder mehrere Einflussgrößen zu erklären. Das Wort „erklären" klingt bereits wieder nach Kausalität. Diese muss jedoch nicht gegeben sein, teilweise ist sie auch offensichtlich nicht vorhanden.

Abbildung 7.10 zeigt eine lineare Regression mit einer Einflussgröße. Links wird der Preis von Diamanten anhand ihrer Größe vorhergesagt. Die Regression ergibt die Gerade, die die Abstände (graue Linien) zwischen den Messwerten (graue Punkte) und der Regressionsgeraden im Quadrat minimiert. Kehrt man das Modell um, so erhält man das rechte Diagramm. Hier wird die Karat-Zahl von Diamanten aus ihrem Preis ermittelt.

Die Kausalität ist im linken Diagramm klar: Ein größerer Diamant erzielt einen höheren Preis. Dennoch kann das rechte Modell nützlich sein, wenn es einfacher ist, anhand von Datenbanken die Preise von Diamanten zu erfassen als ihre Größen. Auch in Klimamodellen wird oft die Temperatur mithilfe von Variablen vorhergesagt, die von der Temperatur beeinflusst werden, und nicht umgekehrt.

Man darf also nicht den Fehler machen, aus Modellen sofort einen Kausalzusammenhang abzulesen. Die Probleme, die weiter oben angesprochen wurden, lassen sich auch durch komplexe Modelle nur bedingt beseitigen.

Im Gegenteil: Um geringe Fallzahlen, Abhängigkeiten zwischen verschiedenen Messwerten, Ortsdaten, Zeitreihen sauber zu erfassen und am besten auch noch eine direkte Kausalitätskette unterstellen zu können, werden immer komplexere Modelle aufgestellt. Immer bessere Computerprogramme erlauben es auch fachfremden Wissenschaftlern, „Bayesian Geospatial Models" oder „Strukturgleichungsmodelle" mit ein paar Mausklicks anzuwenden. Aber wie Excel bieten auch diese Programme nahezu unbegrenzte Möglichkeiten, die Daten so lange zu kneten, bis sie sozusagen weich werden und sich den Wünschen des Anwenders anpassen. Deshalb gilt grundsätzlich: Ein aufwändiges Modell ist kein Ersatz für aussagekräftige Daten.

Es hilft auch nichts, einfach mehr Variablen ins Modell zu packen, nicht nur, weil man mit genügend Suchen immer etwas findet – siehe „multiples Testen". Denn während es nachvollziehbarerweise sehr sinnvoll ist, dass die Einflussgrößen etwas mit der Zielgröße zu tun haben, dürfen anderseits die Einflussgrößen untereinander nicht in zu enger Beziehung stehen. Sonst würde man dieselbe Information mehrfach verwenden. So etwas nennt man *Multikollinearität*. Sie hängt damit zusammen, dass eine Gleichung mit zwei Unbekannten unendlich viele Lösungen besitzt. Entsprechend gilt für ein Regressionsmodell mit zwei (praktisch) gleichen Informationen: Entweder gibt es keine

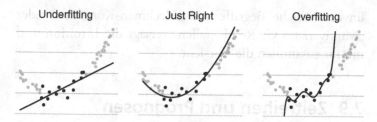

Abb. 7.11 Anpassung und Prognose von Daten durch drei Modelle mit unterschiedlichen Komplexitäten

eindeutige Lösung, oder man kann sie nur sehr ungenau bestimmen.

Die Folgen von übereifriger Modellierung sind in Abb. 7.11 dargestellt. An parabelförmige Daten werden ein lineares Modell (links), ein quadratisches Modell (Mitte) und ein Polynom 7. Grades (rechts) angepasst. Das Modell ist anhand der schwarzen Punkte geschätzt; die grauen dienen zum Vergleich mit den vorhergesagten Werten auf den jeweiligen Kurven bzw. der Geraden.

Das komplexe Modell rechts passt offensichtlich sehr gut zu den Daten, an die es angepasst wird, versagt aber komplett bei der Vorhersage neuer Werte. Dieses Problem nennt man *Overfitting*. Ein simples lineares Modell wird der Struktur der Daten nicht gerecht; das heißt *Underfitting*. Trotz des gekrümmten Verlaufs der Kurven für die ursprünglichen Daten (schwarzen Punkte) prognostiziert es neue besser als die überangepasste Variante (Overfitting).

Hinzu kommt eine psychologische Komponente. Die meisten Leser sind sich der Limitationen eines simplen linearen Modells bewusst und können einschätzen, wie schnell es daneben liegen kann. Wenn aber für den Laien unverständliche Begriffe wie „Heckman-Korrektur" oder „Multivariates GARCH" fallen, versagt die Intuition und mit ihr zusammen die Vorsicht.

7.9 Zeitreihen und Prognosen

Vorsicht braucht man aber gerade dann, wenn das Modell Werte vorhersagen soll, die jenseits des Wertebereichs der vorhandenen Daten liegen, welcher in Abb. 7.11 durch die schwarzen Punkte markiert ist. Dies geschieht bei *Prognosen* und allgemein Zeitreihendaten ständig.

„Prognosen sind schwierig, besonders wenn sie die Zukunft betreffen" ist ein geflügeltes Wort, das man in diesem Zusammenhang gar nicht oft genug zitieren kann. Ist es dort, wo man Daten hat, noch relativ einfach zu bestimmen, ob das Modell passt, so wird dies jenseits davon, in der Zukunft, sehr schwierig. „Big Data verschafft einen Blick in die Zukunft", verkündete Ferri Abolhassan, Geschäftsführer von T-Systems, im „Big Data Blog". Das ist, mit Verlaub, statistischer Unsinn.

Eine Prognose ist kein Blick in die Zukunft, egal ob mit Big, Small, Smart oder Stupid Data. Stattdessen schreibt eine Prognose die bekannte Entwicklung in die Zukunft fort. Das ist so wie Autofahren mit Blick nur in den Rückspiegel. Das funktioniert ganz gut, solange die Straße gerade ist oder wenigstens ihre Krümmung ganz speziellen Regeln folgt. (Man nennt solche Kurven „Klothoiden"; sie erleichtern das Ein- und Auslenken und kommen im Straßenbau durchaus zum Einsatz.) Wo der Baum steht, merkt man allerdings erst, wenn es zu spät ist.

Ebenso wenig kann eine Prognose überraschende Ereignisse wie den Zeitpunkt der Finanzkrise einbeziehen. Im Nachhinein glaubt man zwar gerne, dass die Vorzeichen offensichtlich waren und bloß von den Verantwortlichen ignoriert wurden. Das ist allerdings wieder ein typischer Denkfehler, der unserer Sehnsucht nach Mustern in einer chaotischen Welt entspringt. Erst über sehr lange Intervalle mitteln sich stärkere Schwankungen heraus. Über lange Zeiträume wird aber die Prognose durch die gerade erwähnten gestalterischen Entscheidungen oft zu ungenau.

Wozu dann überhaupt Prognosen? Wozu eine aufwendige Berechnung für eine Zukunft, die so nicht aussehen wird? Klingt das nicht ganz nach den mathematischen Taschenspielertricks, vor denen im Abschnitt zu übermäßig komplexen Modellen gewarnt wurde?

Nein. Eine Prognose schreibt bekannte Entwicklungen fort. Sie ist damit die korrekte Grundlage für alle Richtlinienentscheidungen. Gibt es Spielraum für Steuersenkungen? Für welche Fächerkombinationen werden in Zukunft Lehrer benötigt? Soll eine neue Start- und Landebahn gebaut werden oder nicht?

Außerdem gibt es durchaus Fälle, bei denen Prognosen extrem zuverlässig sind. Alle Kinder, die in den nächsten fünf Jahren eingeschult werden, sind bereits geboren, die Unsicherheiten sind minimal. Geburtenraten ändern sich zudem nur langsam, also sind selbst langfristige demographische Prognosen sehr zuverlässig – bis auf den politisch steuerbaren Aspekt Zuwanderung.

Wichtig ist also, nicht nur die eine prognostizierte Zahl, z. B. „1,4 Prozent Wirtschaftswachstum für nächstes Jahr erwartet", zu betrachten, sondern außerdem die Vorhersagebänder, die Unsicherheiten und die Risikofaktoren. In guten Publikationen sind diese aufgeführt, tendenziell gehen sie jedoch mit jedem Schritt vom Fachautor bis zum Zeitungsleser immer weiter verloren.

Bei Zeitreihen hat man es zudem sehr oft mit exponentiellen Trends zu tun. Wir Menschen können uns zwar lineares Wachstum ganz gut vorstellen, sind aber sehr schlecht darin, exponentielle Anstiege intuitiv zu begreifen und ihr Verhalten abzuschätzen. Für das kurzfristige Überleben ist das ziemlich unproblematisch, weil in kleinen Bereichen auch eine Gerade noch ganz gut zur Beschreibung einer exponentiellen Kurve taugt – siehe das „Underfitting" in Abb. 7.11.

Langfristig ist dieser Mangel an Vorstellungsvermögen aber eine gefährliche Schwäche, denn von Schuldenzinsen bis zum Bakterienwachstum beschreiben exponentielle Kurven viele Bereiche der realen Welt zumindest abschnittsweise.

Eine exponentielle Entwicklung sieht immer so aus, als stünde sie kurz davor zu „explodieren". Dies führt oft zu ernsten und erbitterten Diskussionen, dass es so nicht weitergehen könne und dass die Grenzen des Wachstums erreicht seien. Schon Thomas Malthus konstatierte, „dass die Bevölkerung die dauernde Neigung hat, sich über das Maß der vorhandenen Lebensmittel hinaus zu vermehren". Er tat dies 1798, noch bevor die Marke von einer Milliarde Menschen überschritten wurde. In den danach folgenden 200 Jahren hat sich die Weltbevölkerung mehr als versiebenfacht.

Deswegen muss ein *qualitatives* Argument über Grenzen des Wachstums nicht falsch sein, aber oft wird rein *quan-*

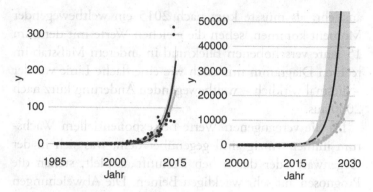

Abb. 7.12 Exponentielle Entwicklung: Daten, Trends, Prognosen und Konfidenz- bzw. Vorhersagebänder

titativ aus exponentiellen Wachstumsraten der Untergang der Welt herbeigeredet.

Auch wenn das Wachstum zeitweise einem exponentiellen Verlauf folgt, folgt daraus nicht, dass es unbegrenzt so weitergehen wird. Das Ende wird jedoch selten durch einen Absturz, sondern meist durch ein Abflachen in eine S-Kurve markiert. Die Zeitspanne, nach der dies geschieht, wird häufig auch eher unter- als überschätzt.

Abbildung 7.12 zeigt eine exponentielle Entwicklung – die Daten sind fiktiv, entsprechen aber in etwa dem „Mooreschen Gesetz" über die Entwicklung der Rechenkapazität von Computerchips. Schwarze Punkte bezeichnen beobachtete Daten, schwarze Kurven die darauf modellierten Prognosen. Graue Punkte und graue Kurven stellen die Daten der später beobachteten, tatsächlichen Entwicklung und die an sie angepassten Trends dar. Die grauen Flächen bilden schließlich die zugehörigen Vorhersage- bzw. Konfidenzbänder ab. Während es auf der linken Seite noch so aussieht, als müsste kurz nach 2015 ein weltbewegender Moment kommen, sehen die gleichen Werte mit dem um 15 Jahre verschobenen Blick und in anderem Maßstab im rechten Diagramm nur noch wie eine flache Linie vor der – diesmal wirklich – weltbewegenden Änderung kurz nach 2030 aus.

Da die vergangenen Werte bei exponentiellem Wachstum immer winzig sind gegenüber dem, was sich in der Gegenwart oder der nahen Zukunft abspielt, stehen die Prognosen auf sehr wackligen Beinen. Die Abweichungen mögen relativ betrachtet gering sein, aber absolut gesehen stellen sie alle unsere Erfahrungswerte in den Schatten, einfach weil *alle* zukünftigen Werte für uns kaum fassbar und gewaltig sind. Ein Prozent Abweichung bei einem heutigen Wert von 100 ist ziemlich wenig. Bei einem zukünftigen Wert von 1 Mrd. ist es aber richtig viel.

Gleichzeitig riskiert man systematisch falsche Prognosen, indem man entweder von exponentiellem Wachstum ausgeht, das dann nicht stattfindet, oder indem man es übersieht. Schon kleine Schwankungen in der Wachstumsrate können zu großen Änderungen führen. Wäre die Weltbevölkerung nach 1970 mit der gleichen Wachstumsrate weitergewachsen, gäbe es jetzt 2 Mrd. Menschen mehr. Jedoch ist seitdem die Wachstumsrate recht langsam um insgesamt einen Prozentpunkt gesunken.

Gerade bei jungen Entwicklungen, bei denen die absoluten Zahlen noch sehr klein sind, errechnet man oft Wachstumsraten, die zu absurden Extrapolationen führen. Ist heute eine Person an einem Ebola-Ausbruch gestorben und sind es morgen zwei, so könnte man unter der Annahme von linearem Wachstum (jeden Tag ein Toter mehr als am

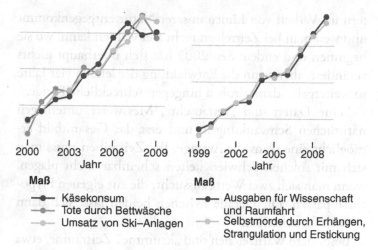

| 2000 | 2003 | 2006 | 2009 |
| Jahr |

| 1999 | 2002 | 2005 | 2008 |
| Jahr |

Maß
- Käsekonsum
- Tote durch Bettwäsche
- Umsatz von Ski–Anlagen

Maß
- Ausgaben für Wissenschaft und Raumfahrt
- Selbstmorde durch Erhängen, Strangulation und Erstickung

Abb. 7.13 Scheinkorrelationen in Zeitreihen

Tag zuvor) folgern, dass innerhalb eines Monats 500 Personen sterben werden. Dagegen ergäbe sich bei exponentieller Zunahme (z. B. jeden Tag doppelt so viele Tote wie am Vortag), dass die gesamte Weltbevölkerung bis dahin stürbe. Die Wahrheit liegt irgendwo dazwischen, aber das ist in solchen Fällen keine große Hilfe.

Menschen suchen trotzdem nach Mustern. Gesichter finden sich auf dem Mars und Madonnen auf gerösteten Brotscheiben, und einander ähnliche Verläufe finden sich beim Budget der Raumfahrt und bei Selbstmordraten. Die Beispiele in Abb. 7.13 sind offensichtlich lächerlich, aber wenn Reizworte wie „Atomkraft", „Reichtum" oder „Gentechnik" auftauchen, ist es zur Spekulation, dass Gen-Mais Menschen in den Selbstmord treibt, nicht mehr weit.

Scheinkorrelationen wurden bereits erwähnt; bei Zeitreihen tauchen sie besonders oft auf, da die Suche nach Mustern im Verlauf von Linien unserer Natur entgegenkommt und weil man bei Zeitreihen recht frei wählen kann, wo sie beginnen und enden: Seit 2003 hat sich überhaupt nichts verändert; aber wenn die Entwicklung der letzten vier Jahre so weitergeht, dann drohen hingegen schreckliche Dinge.

Echte Daten sind „verrauscht", Messwerte unterliegen natürlichen Schwankungen, und erst das Gesamtbild ermöglicht eine sinnvolle Aussage. Bei Zeitreihen muss man sich mit solchen Schwierigkeiten scheinbar nicht plagen, wenn man sich zwei Werte aussucht, die zur eigenen Hypothese passen. Die Gerade zwischen beiden lässt sich dann einfach fortschreiben.

Besondere Warnzeichen sind „krumme" Zeiträume, etwa „in den letzten 13 Jahren", was nicht heißen soll, dass irgendetwas die „letzten 10 Jahre" oder die „letzten 25 Jahre" auszeichnen würde. Runden Zahlen wohnt keine Magie inne, die zu besseren Ergebnissen führen würde. Runde Zahlen können aber im besten Fall bedeuten, dass zuerst der Zeitraum festgelegt und dann die Aussage daraus abgeleitet wurde, anstatt dass umgekehrt zwei besonders „geeignete" Punkte zur argumentativen Unterstützung der eigenen, schon vorher feststehenden Meinung gewählt wurden.

So lassen sich wie in Abb. 7.14 ganz verschiedene Schlüsse aus ein und derselben Zeitreihe ziehen (links). Belegen die Daten nun einen deutlichen Anstieg oder keine Änderungen, oder befinden sich die Werte im freien Fall? Eine echte Prognose (rechts) zeigt, dass es mit korrekten Modellen fast keine Rolle spielt, welchen Startwert man ansetzt. Vorhersagebänder, hier zum 80-Prozent-Niveau (dunkler) und zum 95-Prozent-Niveau (heller), verdeutlichen: Die

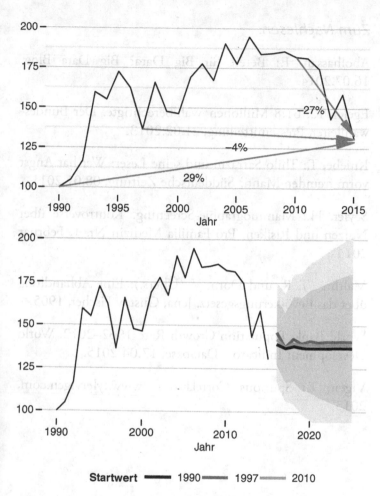

Abb. 7.14 Trends, Prognosen und Vorhersagebänder

Unsicherheit ist so hoch, dass Prognosen, die ausschließlich auf Trendanalysen der Vergangenheit beruhen, nur falsch sein können.

Zum Nachlesen:

Abolhassan, F.: Bereit für Big Data? Big Data Blog, 16.07.2014.

Egeler, R.: 61,8 Millionen Wahlberechtigte. Der Bundeswahlleiter, Pressemitteilung, 21.02.2013.

Kniebe, T.: Thilo Sarrazin und seine Leser: Wer hat Angst vorm fremden Mann? Süddeutsche Zeitung, 08.01.2011.

Seyler, H.: Mammographie-Screening. Kontroverse über Nutzen und Risiken. Pro Familia Medizin Nr. 1, Februar 2014.

Malthus, T. R. und Dorn, V. (Übers.): Eine Abhandlung über das Bevölkerungsgesetz. Jena, Gustav Fischer, 1905.

World Bank: Population Growth Rate 1962–2012. World Development Indicators Database, 17.04.2015.

Vigen, T.: Spurious Correlations. www.tylervigen.com, 2015.

Statistisch denken: Elf Regeln für den Alltag

1. *Weniger ist nicht immer mehr.* Statistik lebt von großen Fallzahlen. Vieles kann schief gehen, wenn man aus kleinen Stichproben vermeintlich Großes gewinnen will, weil hierbei selbst hohe Abweichungen vom Mittelwert noch durch Zufall erklärbar sind.

2. *Mehr ist manchmal weniger,* denn signifikant ist nicht relevant. Auch zu große Stichproben können in die Irre führen, weil man mit ihnen selbst sehr kleine, praktisch irrelevante Effekte nachweisen kann. Riesige Datensätze sind kein Qualitätskriterium, denn in der Statistik kommt es auf die richtige Größe an.

3. *Der Plural von „Anekdote" ist nicht „Daten".* Plakative Beispiele machen Statistik erst lebendig. Schön, wenn sie dann wenigstens jemand liest. Weniger schön, wenn aus ungewöhnlichen Einzelfällen auf das Gewöhnliche geschlossen wird. Ganz unschön, wenn das Gewöhnliche und das Repräsentative gar nicht untersucht wurden. Dann ist jeder Schluss daraus auf Sand gebaut.

4. *Gemeint und gesagt ist zweierlei.* Statistik kann vermeintlich alles messen. Doch der Meterstab gehört zur Länge und die Waage zum Gewicht. Nicht jeder psychologische Test misst das, was er messen soll; was Menschen

in Umfragen sagen, ist oft nicht das, was sie wirklich denken oder gar tun. Deswegen gibt es keine schlechten Ergebnisse und dummen Antworten, nur ungeeignete Messinstrumente und dumme Fragen.

5. *Genau angegeben heißt nicht: genau bekannt.* Nachkommastellen suggerieren Präzision. Man kann sie oft herbeizaubern, indem man zwei sehr ungefähre Werte durcheinander teilt. Jede Messung und Berechnung kann nur so präzise sein wie das Messinstrument, mit dem sie durchgeführt wurde. Deswegen schafft ein statistischer Wert ohne Streubreite wenig Wissen.

6. *Wer sucht, der findet.* Jeder Datensatz ist besonders. Deshalb kann jede Statistik ins Schwarze treffen, wenn man erst schießt und dann die Zielscheibe malt. Zuerst sollten Hypothesen aufgestellt und danach die Daten analysiert werden. Wer in Daten Überraschendes entdeckt, der darf erst jubeln, nachdem die Ergebnisse repliziert worden sind.

7. *Die Perspektive hängt vom Bezugspunkt ab.* $100\% - 30\% + 30\% = 91\%$. Der Haken daran ist, dass sich nicht alle Prozentangaben auf dieselbe Größe beziehen. Der Haken vieler Studien ist, dass das ignoriert wird. Nur weil man Dinge zueinander ins Verhältnis setzt, heißt das nicht, dass sie etwas miteinander zu tun haben.

8. *Annahmen über Daten sind keine Daten.* Statistik kann Bedeutung nicht in Daten hineinzaubern, wenn sie nicht von Anfang an drin war. Statistische Werte sagen deshalb nichts darüber aus, was das Ergebnis wert ist.

9. *Wer A sagt, muss auch B sagen – nicht umgekehrt.* Schlüsse lassen sich selten einfach umkehren, wenn es um bedingte Wahrscheinlichkeiten geht. Nur weil ein Test anschlägt, wenn man krank ist, heißt das nicht, dass man krank ist, wenn er anschlägt.

10. *Manchmal war es der „Unsichtbare Dritte".* Mit Statistik kann man alles beweisen, selbst die Wahrheit – aber nur, wenn man den Unterschied zwischen Korrelation und Kausalität übersieht. Was ist Ursache, was ist Wirkung, was ist bloß Begleiterscheinung? Wenn ein Bericht behauptet, es ist so, dann frage man sich immer, ob es auch anders sein könnte.

11. *Der Teufel steckt oft im Detail.* Auch in der Wissenschaft werden die unschönen Details gerne weniger prominent platziert als die erwünschten Ergebnisse. Darum reicht es selten, die Pressemitteilung zu lesen – oder gar das, was die Presse daraus macht.

Sachverzeichnis

Printed in the United States
by Bookmasters

Printed in the United States
By Bookmasters